电梯智能控制技术与维修

◎主　编　屈省源　凌黎明　张　书
◎副主编　王　青　张云峰　潘　斌　张伟杰

重庆大学出版社

内容提要

"电梯控制技术"课程是电梯工程技术专业、电气自动化专业(电梯技术方向)、楼宇智能工程技术专业及从事电梯安装、维修、维护等岗位学生的必修课。本书以国内主流的蒂升电梯、默纳克系统为载体,以基本的电梯电气部件、电梯控制系统以及电梯维护与维修岗位技能要求为核心,力求使学生掌握电梯的电气控制技术的基本知识要点,并能够按照要求对电梯进行必要的维护与维修,进而达到电梯职业技能资格高级工或者技师的标准要求。

本书共分为四个项目,主要内容包括电梯的电气控制系统、电梯的 PLC 电气控制系统、电梯的保养以及电梯的故障诊断与维修。

本书由行业专家、企业工程师共同编写,选取 15 个来自企业技能培训的颗粒化教学资源,全方位支撑"线上线下"教学的信息化教学理念。

本书可作为高职高专院校电梯工程技术专业、电气自动化专业(电梯技术方向)、楼宇智能化工程技术专业的教材,也可作为企业的培训教材及相关技术人员的参考用书。

图书在版编目(CIP)数据

电梯智能控制技术与维修 / 屈省源,凌黎明,张书主编. -- 重庆:重庆大学出版社,2022.4

高职高专机电一体化专业系列教材

ISBN 978-7-5689-3281-3

Ⅰ. ①电… Ⅱ. ①屈… ②凌… ③张… Ⅲ. ①电梯—智能控制—高等职业教育—教材②电梯—维修—高等职业教育—教材 Ⅳ. ①TU857

中国版本图书馆 CIP 数据核字(2022)第 082744 号

电梯智能控制技术与维修

主 编 屈省源 凌黎明 张 书
副主编 王 青 张云峰 潘 斌 张伟杰
策划编辑:苟荟羽

责任编辑:文 鹏 版式设计:苟荟羽
责任校对:刘志刚 责任印制:张 策

*

重庆大学出版社出版发行
出版人:饶帮华
社址:重庆市沙坪坝区大学城西路 21 号
邮编:401331
电话:(023)88617190 88617185(中小学)
传真:(023)88617186 88617166
网址:http://www.cqup.com.cn
邮箱:fxk@ cqup.com.cn(营销中心)
全国新华书店经销
重庆长虹印务有限公司印刷

*

开本:787mm × 1092mm 1/16 印张:14.5 字数:365 千
2022 年 4 月第 1 版 2022 年 4 月第 1 次印刷
ISBN 978-7-5689-3281-3 定价:45.00 元

前　言

近年来,在房地产、轨道交通建设、机场改建扩建等的投资带动下,我国电梯产业得到了快速发展。目前,我国已成为全球最大的电梯生产国和消费国,我国电梯保有量持续增加,未来电梯更新市场及售后服务市场空间巨大。与此相适应,电梯行业的专业技术人员的社会需求量越来越大。

为了进一步深化校企合作,推进产教融合的发展,本书依据国家职业技能标准(2018年版)电梯安装维修工的高级工职业资格标准,综合参考电梯企业的电梯调试岗位和维修岗位职业技能,对岗位所需的知识和技能进行了归纳。

本书针对高职教学活动的特点,按照"项目驱动、任务引领的教、学、做一体化人才培养"的教学理念编写;有意识地淡化电梯控制技术方面的有关设计及理论计算,其内容大多从企业实际项目取材,力求还原真实的工作情境,还新增了电梯最新标准的要求,如轿厢意外移动保护装置等内容。在教学方法上,充分利用信息化技术优势,选取15个来自企业技能培训的颗粒化教学资源,全方位地支撑新时期要求的信息化教学形态。

通过对本书的学习,学生可掌握电梯控制技术、电梯维护与维修等方面的必要的理论知识,具备从事电梯调试和电梯维修所需的实践技能。

本书由中山职业技术学院屈省源、凌黎明和张书担任主编,中山职业技术学院王青、张云峰、潘斌以及蒂升电梯有限公司的张伟杰高级工程师担任副主编,全书由中山职业技术学院肖伟平教授和中山市电梯行业协会黄英秘书长统筹审核。其中,项目一和项目二的任务一由屈省源编写,项目三的任务一至任务四由张书编写,项目二任务二、项目三的任务五和项目四由凌黎明编写。附录由王青编写。

由于作者水平有限,书中不妥之处在所难免,敬请各位读者及同行批评指正,以便修改完善。所有意见和建议请发送至 E-mail:1397805346@ qq. com。

编　者

2021 年 9 月

目　录

项目一　电梯的电气控制系统 ·· 1

　　任务一　电梯的基本结构 ·· 1

　　任务二　电梯的主要电气部件 ·· 13

　　任务三　电梯的拖动技术 ·· 29

　　任务四　电梯的安全保护系统 ·· 44

　　任务五　电梯的运行控制系统 ·· 62

项目二　电梯的 PLC 电气控制系统 ································· 83

　　任务一　单台电梯的 PLC 电气控制系统的编程与调试 ················ 83

　　任务二　电梯的 PLC 群控系统的编程与调试 ························ 105

项目三　电梯的保养 ·· 113

　　任务一　电梯保养前的准备工作 ······································ 113

　　任务二　电梯的机房部件保养 ·· 122

　　任务三　电梯的井道(含轿顶)部件保养 ······························ 141

　　任务四　电梯的底坑(含轿底)部件保养 ······························ 163

　　任务五　自动扶梯的维护 ·· 172

项目四　电梯的故障诊断与维修 ···································· 199

　　任务一　应急救援的操作 ·· 199

　　任务二　门锁故障分析及排除 ·· 209

附录　电梯功能解释 ·· 216

参考文献 ·· 223

项目一

电梯的电气控制系统

项目描述

本项目分为 5 个工作任务,主要包括电梯基本结构、电梯控制技术的发展概况、电梯主要电气部件的功能和作用、电气电力拖动系统等基本内容。本项目可使学生对电梯的分类、结构,主要电梯部件功能和作用,主要电气部件的选型计算有基本的理解,同时兼顾优秀学生的知识深度,适当增加了电梯运行曲线的设计知识。

任务一 电梯的基本结构

一、任务目标

①了解电梯的定义与分类。
②了解电梯的运行原理。
③了解电梯的电气控制技术发展概况。

二、任务描述

电梯是一种机电结合紧密的、用电力拖动的特殊升降设备,是一种现代生活中广泛应用的垂直交通运输工具。在现代城市文明中,电梯不但已成为高层建筑不可缺少的垂直运输设备,也成为低层建筑中的代步工具。在垂直交通运输工具中,曳引式电梯是使用最普遍的一种电梯。

本任务简要介绍电梯的基本结构、运行原理,主要部件的组成、功能、安装位置,以及电气控制技术的发展历史。

三、相关知识

（一）电梯的定义与分类

《电梯、自动扶梯、自动人行道术语》（GB/T 7024—2008）标准规范定义电梯为：服务于建筑物内若干特定楼层，其轿厢运行在至少两列垂直于水平面或与铅垂线倾斜角小于15°的刚性导轨运动的永久运输设备。

（二）电梯的基本结构

电梯是机电结合的大型复杂产品，其中的机械部分相当于人的躯体，电气部分相当于人的神经，两者不可分割，关系紧密，使电梯成为现代科技的综合产品。

通常使用率最高的电梯是上置式电梯（也称上机房电梯），机房建造在井道上方，专门安置电梯曳引机和电气控制屏等部件。上置式电梯结构如图1-1-1所示。此外，在特殊的情况下，也将机房设置在井道底部（其他层）旁侧，称为下置式电梯（也称下机房电梯）。

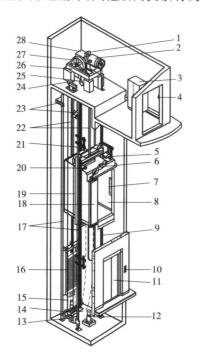

（电子资源二维码）

图 1-1-1　上置式电梯结构

1—制动器；2—曳引电动机；3—电气控制柜；4—电源开关；5—位置检测开关；6—开门机；
7—轿内操纵盘；8—轿厢；9—随行电缆；10—呼梯盒；11—厅门；12—缓冲器；13—张紧装置；
14—补偿链导向轮；15—补偿链；16—对重；17—导轨；18—轿厢门；19—轿厢框架；
20—终端紧急开关；21—开关碰块；22—曳引钢丝绳；23—导轨支架；24—限速器；25—导向轮；
26—曳引机底座；27—曳引轮；28—减速箱

将曳引机等安装在井道内部，省去了传统的电梯专用机房，曳引机既可以设置在井道上部，也可以设置在井道下部的电梯称为无机房电梯，其基本结构如图1-1-2所示。

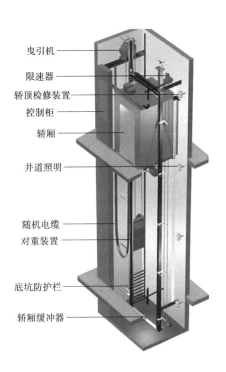

曳引机
限速器
轿顶检修装置
控制柜
轿厢
井道照明
随机电缆
对重装置
底坑防护栏
轿厢缓冲器

图 1-1-2　无机房电梯结构

　　一部电梯有机房、井道、轿厢和层站四个部分,也可看成一部电梯占有了四大空间,具体内容见表 1-1-1。

表 1-1-1　电梯占有的四大空间及其构件

四大部分(空间)	主要构件(装置)
机房	曳引机、控制柜(屏)、承重梁(也有在楼板下面)、导向轮(也有在楼板下面)、电源总开关、限速器、极限开关、选层器、发电机及励磁柜(直流电梯)、曳引钢丝绳锥套与绳头组合、曳引钢丝绳(绕在曳引轮上)。
井道	轿厢导轨、对重导轨、导轨支架和压道板、配线槽、对重与对重轮(有的没有)、曳引钢丝绳、平层感应装置(遮磁板)、限速器钢丝绳张紧装置、随行电缆、电缆支架、端站强迫减速装置、端站限位开关、极限开关碰轮、限速器张绳轮、缓冲器、补偿装置、轿厢(总体)、中间接线盒、底坑检修灯。
轿厢	轿顶轮(曳引比为 2∶1)、轿厢架、轿厢底、轿厢壁、轿厢顶、轿厢门、自动门机构、自动安全触板、门刀装置、自动门调速装置、光电保护防夹装置、轿厢召唤钮、控制电梯功能钮、轿厢顶检修钮及安全灯、平层感应器、护脚板、平衡链、导靴、对重、轿厢导轨用油杯、急停钮、安全窗及其保护开关、安全钳、轿厢超载装置、电话及警铃、绳头板。
层站	楼层显示器、自动层门钥匙开关、手动钥匙开关、层门(厅门)、层门门锁、层门门框、层门地坎、呼梯钮、到站钟。

电梯的八个系统,见表1-1-2。

表1-1-2　电梯八个系统的功能及其构件与装置

系统	功能	主要构件与装置
曳引系统	输出与传递动力,驱动电梯运行	曳引机、曳引钢丝绳、导向轮、反绳轮等
导向系统	限制轿厢和对重的活动自由度,使轿厢和对重只能沿着导轨做上、下运动	轿厢导轨、对重导轨及其导轨架等
轿厢	用以运送乘客和(或)货物的组件,是电梯的工作部分	轿厢架和轿厢体
门系统	乘客或货物的进出口,运行时层、轿门必须关闭,到站时才能打开	轿厢门、层门、开门机、联动机构、门锁等
重力平衡系统	相对平衡轿厢重力以及补偿高层电梯中曳引绳长度的影响	对重和重力补偿装置等
电力拖动系统	提供动力,对电梯实行速度控制	曳引电动机、供电系统、速度反馈装置、电动机调速装置等
电气控制系统	对电梯的运行实行操纵和控制	操纵装置、位置显示装置、控制屏(柜)、平层装置、选层器等
安全保护系统	保证电梯安全使用,防止一切危及人身安全的事故发生	机械方面有:限速器、安全钳、缓冲器、端站保护装置等。 电气方面有:超速保护装置、供电系统断相错相保护装置、超越上下极限工作位置的保护装置、层门锁与轿门电气联锁装置等

(三)电梯主要部件的组成、功能及其安装位置

电梯机房内主要部件组成、功能及其安装位置,见表1-1-3至表1-1-6。

表1-1-3　电梯机房内主要部件组成、功能及其安装位置

部件名称	主要类型	主要构成	功能	安装位置
曳引机	无齿轮曳引机(无减速器曳引机)	电动机、电磁制动器、曳引轮、冷却风机	为电梯提供动力源,不通过中间的减速器而直接传递到曳引轮上	架设在机房承重梁上,也有设置在导轨顶端、底坑一侧,或某个层站井道旁
	有齿轮曳引机(有减速器曳引机)	蜗杆副减速器、惯性轮、曳引轮、制动器、电动机	为电梯提供动力源,通过中间减速器传递到曳引轮上	
	永磁无齿曳引机	永磁电动机、电磁制动器、制动轮、曳引轮、光电编码器	曳引轮和制动轮直接安装在电动机的轴上,曳引轿厢运行	

部件名称	主要类型	主要构成	功能	安装位置
制动器	卧式电磁制动器	铁芯、蝶形弹簧、偏斜套、制动弹簧	对主动转轴起制动作用，能使工作中的电梯轿厢停止运行	放在电动机的旁边，即在电动机轴与蜗杆轴相连的制动轮处
	立式电磁制动器	制动弹簧、拉杆、动铁芯、制动臂、转臂闸瓦、球面头		
减速器（齿轮箱）	蜗轮蜗杆减速器	蜗轮、蜗杆、电动机、块式制动器、曳引轮	能使快速电动机与钢丝绳传动机构的旋转频率协调一致。	装在曳引电动机转轴和曳引轮轴之间
	斜齿轮减速器	制动鼓、斜齿轮、电动机、曳引轮		
	行星齿轮减速器	行星斜齿轮、制动器、电动机、曳引轮		
联轴器	刚性联轴器	电动机轴，左、右半联轴器，蜗杆轴	用以传递由一根轴延续到另一根轴上的转矩	设在曳引电动机轴端与减速器蜗杆端的连接处
	弹性联轴器			
曳引轮	半圆形槽曳引轮	内轮筒（鼓）、外轮圈、蜗杆轴	除承受轿厢、载重和对重重力外，还利用曳引钢丝绳与轮槽的摩擦力来传递动力	装在减速器中的蜗杆轴上
	V形槽曳引轮			
	凹形槽曳引轮			
导向轮	U形螺栓固定导向轮	固定心轴、滚动轴承、U形螺栓	与曳引轮互相配合，承受轿厢自重、载重和对重的全部重量并能将曳引轮引向轿厢或对重	装在曳引机机架台或承重梁的下面
	双头螺栓固定导向轮	固定心轴、滚动轴承、双头螺栓		
限速器	刚性限速器	压绳、夹绳钳	控制轿厢（对重）的实际运行速度。当速度达到极限值时，能发出信号及产生机械动作切断控制电路或迫使安全钳动作	安装在机房或滑轮间的地面，一般在轿厢的左后角或右前角
	弹性限速器	绳轮、拨叉、底座		
	双向限速器	超速动作开关等		
曳引钢丝绳	8X19S钢丝绳	钢丝、绳股、绳芯	连接轿厢和对重，并靠曳引机驱动轿厢和对重运动	在机房穿绕曳引轮、导向轮。下面一端连接轿厢，另一端连接对重（曳引比为1:1）
	6X19S钢丝绳			
控制柜（屏）	控制柜	继电器、接触器、电阻器、整流器、变压器等电子元器件	各种电子元器件的载体，并对其起防护作用	在机房、井道或某个楼层
	控制屏			

表 1-1-4 电梯井道内主要部件组成、功能及其安装位置

部件名称	主要类型	主要构成	功能	安装位置
轿厢	客(货)梯轿厢	轿厢底、轿厢壁、轿厢顶、轿厢门	用以运送乘客和(或)货物的载体	在曳引绳的下端并通过曳引绳与对重装置的一端相连
	病床梯轿厢			
	杂物梯轿厢			
	观光梯轿厢			
导轨	T形导轨	冷轧钢或角钢	作为轿厢和对重在竖直方向运动的导向,限制轿厢和对重活动的自由度	安装在井道内
	L形导轨			
	槽形导轨			
	管形导轨			
导轨架	山形导轨架	钢板、螺栓	作为导轨的支承体	装在井道壁上
	L形导轨架			
	框形导轨架			
对重装置	无对重轮式(曳引比为1:1)	对重框、对重块、导靴、碰块、压板、对重轮	使轿厢与对重间的重量差保持在某一个限额之内,保证电梯曳引传动平稳、正常	相对轿厢悬挂在曳引绳的另一端
	有对重轮式(曳引比为2:1)			
复绕轮(反绳轮)	同导向轮	同导向轮	在2:1绕绳法的电梯上,能改善提升动力和运行速度	一般装在轿顶架下部和对重架上梁的上部
缓冲器	弹簧缓冲垫	缓冲橡胶垫、弹簧、缓冲座	当轿厢超过上下极限位置时,用来吸收、消耗制停轿厢或对重装置所产生的动能	安装在井道底坑
	耗能型缓冲器	吸振橡胶块、柱塞、复位弹簧、油位检测孔、缸体		
	非线性蓄能型缓冲器	聚氨酯		
重量补偿装置	补偿绳	钢丝绳、挂绳架、卡钳、定位卡板	用以补偿电梯在升降过程中,曳引轮两边的重量变化而产生的不平衡现象	一端悬挂在轿厢下面,另一端挂在对重装置下面
	补偿链	麻绳、铁链、U形卡箍		
	补偿缆	环链、聚乙烯		

部件名称	主要类型	主要构成	功能	安装位置
端站保护装置	强迫换速开关 终端限位开关 终端极限开关	强迫换速开关,碰轮、碰板限位开关,极限开关	当轿厢运行超过端站时,用来切断控制电源	可装在井道上端站和下端站附近,也可设在轿厢上
平层感应器（井道传感器）	遮磁板式	换速传感器、平层隔磁板	在平层区内,使轿厢地坎与厅门地坎自动准确定位	分别装在轿顶和轿厢导轨上
	圆形永久磁铁式（双稳态磁开关式）	圆形永久磁铁、双稳态磁开关		

表 1-1-5　电梯轿厢主要部件组成、功能及其安装位置

部件名称	主要类型	主要构成	功能	安装位置
轿门	中分式轿门 旁开式轿门	门扇、门套、门滑轮、门导轨架、门靴（滑块）、门锁装置	供司机、乘客和货物进出,并防止人员和物品坠入井道	设在轿厢入口处,并靠近层门的一侧
导靴	固定式（刚性）导靴 浮动式（弹性）导靴 滚动导靴 单体式导靴 复合式导靴	带凹形槽的靴头、靴体、靴座	与导轨凸形工作面配合,供轿厢和对重装置沿着导轨上下运动,防止轿厢和对重装置在运动过程中偏离导轨	轿厢导靴安装在轿厢上梁和轿厢底部安全钳座下面,对重导靴安装在对重架的上部和底部
安全钳	瞬时块式安全钳 渐进式安全钳 双向式安全钳	连杆机构、钳块、钳块拉杆及钳座	当轿厢（对重）超速运行或出现突发情况时,接受限速器操纵,以机械动作将轿厢强行制停在导轨上	安全钳座在轿厢架的底架上,处于导靴之上;钳块和垂直拉杆装在轿厢外壁两侧立柱上
称重装置	轿底称量式	活动轿厢底、轿底框称量机构	检测轿厢内载荷变化状态,当轿厢超过额定载荷时能发出警告信号,并使轿厢门保持在打开状态	设置在轿厢底、轿厢顶或机房等处
	轿顶称量式	微动开关、称量元件		
	机房称量式	秤杆、摆杆、微动开关、压簧		
操纵箱	手柄开关式 按钮操作式	电子、电气元件,应急按钮,蜂鸣器	用以指令开关、按钮或手柄等操纵轿厢运行	轿厢内壁或层站门外
自动门机构	中分式 中分双折式 旁开双折式	开关门电动机、拨杆、弹簧、门刀、调试开关	使轿门（层门）自动开启或关闭	设置在轿门上方与轿门连接处

表 1-1-6　电梯层站主要部件组成、功能及其安装位置

部件名称	主要类型	主要构成	功 能	安装位置
层门	中分式	门扇、门套、门滑轮、门滑块、门导架、门锁	供乘客和(或)货物进出,并防止人员和物品坠入井道	设置在层站入门处
	旁分式			
	直分式			
层门门锁	手动层门门锁	门锁	门关闭后,将门锁紧。同时接通控制回路,轿厢方可运行	分别装在层门内侧的门扇、开门架上
	门刀式自动门锁	门刀、撑杆、滚轮、锁钩		
	压板式自动门锁	活动门刀、门锁		
指层灯箱	层门指层灯箱	电子、电气元件	给司机以及轿厢内、外乘用人员提供运行方向和所在位置	设置在轿厢壁和厅门外侧
	轿厢内指层灯箱			
厅外呼梯按钮盒	下行呼梯按钮	电子、电气元件	供厅外乘用人员呼唤电梯	设在厅门门框附近
	上行呼梯按钮			
近门保护装置	安全触板式	微动开关、门触板、光电发生器、接收器、电容量检测设备	当轿厢出入口有乘客或障碍物时,通过电子元件或其他元件发出信号,停止关闭轿门或关门过程中立即返回开启位置	轿门两侧
	光电式			
	组合式			

(四)电梯的分类

电梯作为一种通用垂直运输机械,被广泛用于不同的场合,其控制、拖动、驱动方式也多种多样,因此电梯的分类方法也有下列几种:

1.按用途分类

按照使用用途和场所,电梯可分为乘客电梯、载货电梯、病床电梯和杂物电梯。

(1)乘客电梯

乘客电梯用于运送乘客,兼以运送质量和体积合适的日用物件,适用于高层住宅、办公大楼、宾馆或饭店等人流量较大的公共场合。其轿厢内部装饰要求较高,运行舒适感要求严格,具有良好的照明与通风设施。为限制乘客人数,轿厢内面积有限,轿厢宽深比例较大,以利于人员出入。为提高运行效率,其运行速度较快。派生品种有住宅电梯、观光电梯等。

(2)载货电梯

载货电梯以运送货物为主,并能运送随行装卸人员。因运送货物的物理性质不同,其轿厢内部容积差异较大。但为了适应装卸货物的要求,其结构要求坚固。由于运送额定质量大,一般运行速度较低,以节省设备投资和电能消耗。轿厢的宽深比例一般小于 1。

(3)病床电梯

病床电梯用于医疗单位运送病人和医疗救护器械。其特点为轿厢宽深比小,深度尺寸 ≥ 2.4 m,以能容纳病床,要求运行平稳、噪声小,平层精度高。

（4）杂物电梯

杂物电梯是一种专用于运送小件品的电梯,最大载质量为500 kg,如果轿厢额定载质量大于250 kg应设限速器和安全钳等安全保障设施。为防止发生人身事故,严禁乘人和装卸货物将头伸入,为此限制轿厢分格空间高度不得超过1.4 m,面积不得大于1.25 m²,深度不得大于1.4 m。

其他特种用途的电梯还有汽车电梯、船舶电梯等。

2. 按速度分类

电梯的额定运行速度正在逐步提高,因此按速度分类的国家标准正待颁布。目前的习惯划分为:

①低速电梯:电梯额定速度≤0.75 m/s。

②中速电梯:电梯额定速度为1.0～2.5 m/s。

③高速电梯:电梯额定速度为2.5～4.0 m/s。

④超高速电梯:电梯额定速度>4 m/s。

3. 按拖动电动机类型分类

（1）交流电梯

交流电梯是采用交流电动机拖动的电梯。其中又可分为单、双速拖动,即采用改变电动机极对数的方法调速;调压拖动,即通过改变电动机电源电压的方法调速;调频调压拖动,即采取同时改变电动机电源电压和频率的方法调速。

（2）直流电梯

直流电梯是一种采用直流电动机拖动的电梯。由于其调速方便,加减速特性好,曾被广泛采用。随着电子技术的发展,直流拖动正被更节省能源的交流调速拖动代替。

4. 按驱动方式分类

（1）钢丝绳驱动式电梯

它可分成两种不同的型式,一种是被广泛采用的摩擦曳引式,另一种是卷筒强制式。前一种安全性和可靠性都较好,后一种的缺点较多,已很少采用。

（2）液压驱动式电梯

这种驱动式电梯历史较长,它可分为柱塞直顶式和柱塞侧置式。优点是机房设置部位较为灵活,运行平稳。直顶式不用轿厢安全钳,底坑地面的强度可大大降低,顶层高度限制较宽。但其工作高度受柱塞长度限制,运行高度较低。在采用液压油作为工作介质时,还须充分考虑防火安全的要求。

（3）齿轮齿条驱动式电梯

它通过两对齿轮齿条的啮合来运行,运行振动、噪声较大。这种电梯一般不需设置机房,由轿厢自备动力机构,控制简单,适用于流动性较大的建筑工地。目前已划入建筑升降机类。

（4）链条链轮驱动式电梯

这是一种强制驱动型式,因链条自重较大,所以提升高度不能过高,运行速度也因链条链轮传动性能局限而较低。但它用于企业升降物料的作业中有着传动可靠、维护方便、坚固耐用的优点。

其他驱动方式还有气压式、直线电机直接驱动、螺旋驱动等。

5. 按控制方式分类

目前电梯技术的发展使电梯控制日趋完善，操作趋于简单，功能趋于多样，控制方式正向广泛应用微电子新技术的方向发展。

（1）手柄开关操纵

电梯司机在轿厢内控制操纵箱手柄开关，实现电梯的启动、上升、下降、平层、停止的运行状态。它要求轿厢门上装有透明玻璃窗口或使用栅栏轿门，井道壁上有层楼标记和平层标记，电梯司机根据这些标记判断层楼数及控制电梯平层。

（2）按钮控制电梯

按钮控制电梯是一种简单的自动控制电梯，具有自动平层功能，常有以下两种控制方式：

①轿厢外按钮控制电梯。轿厢由安装在各楼层门口的按钮箱进行操纵。操纵内容通常为召唤电梯、指令运行方向和停靠楼层。电梯接受了某一层楼的操纵指令，在没有完成指令前是不接受其他楼层的操纵指令的。这种操作方式通常用于服务梯或层站少的货梯。

②轿厢内按钮控制电梯。按钮箱在轿厢内，由司机操作。电梯只接受轿厢内按钮指令，层站的召唤按钮只点亮轿内指示灯（或起动电铃），不能截停和操纵电梯。

（3）信号控制电梯

这是一种自动控制程度较高的有司机电梯。除具有自动平层、自动开门功能外，尚具有轿厢命令登记、层站召唤登记、自动停层、顺向截车和自动换向等功能。司机只要将需要停站的层楼按钮逐一按下，再按下启动按钮，电梯就自动关门运行。在这过程中，司机只需操纵启动按钮，一直到预先登记的指令全部执行完毕。电梯运行中，电梯能被符合运行方向的层站召唤信号截停。采用这种控制方式的常为有司机客梯。

（4）集选控制电梯

集选控制电梯是一种在信号控制基础上发展起来的全自动控制的电梯。它与信号控制的主要区别在于能实现无司机操纵。其主要特点是：把轿厢内选层信号和各层外呼信号集合起来，自动决定上、下运行方向，顺序应答。这类电梯需在轿厢上设置称重装置，以免电梯超载。轿门上需设有保护装置，防止乘客出入轿厢时被轧伤。

集选控制又分为全集选（双向）控制和上或下（单向）集选控制。全集选控制的电梯，无论在上行或下行时，全部应答层站的召唤指令。而单向集选，只能应答层站一个方向（上或下）的召唤信号。一般下集选控制方式用得较多，如住宅楼内。

（5）并联控制电梯

这种方式是2～3台电梯的控制线路并联起来进行逻辑控制，共用层站外召唤按钮，电梯本身都具有集选功能。

两台并联集选控制组成的电梯，基站设在大楼的底层，当一台电梯执行指令完毕后，自动返回基站。另一台电梯在完成其所有任务后，就停留在最后停靠的层楼作为备用梯，准备接受基站以上出现的任何指令而运行。基站梯可优先供进入大楼的乘客服务，备用梯主要应答其他层楼的召唤。当重新出现召唤指令时，备用梯首先应答、启动、运行。当备用梯运行后方出现召唤信号时，则基站梯接受信号启动出发。基站梯和备用梯不是固定不变的，而是根据运行的实际情况确定。备用梯也有可能在执行轿厢内乘客的指令后停留在基站，优先应答基站召唤。

（6）群控电梯

群控电梯是用微机控制和统一调度多台集中并列的电梯。群控可以有：

①梯群的程序控制。控制系统按预先编制好的交通模式程序集中调度和控制。如将一天中客流分成上行客流量高峰状态、客流量平衡状态、下行客流量高峰状态、上行客流量较下行大的状态、下行客流量较上行大的状态、空闲时的客流量状态。电梯在工作中，按照当时客流情况，以轿厢的负载、层站的召唤频繁程度，运行一周的时间间隔等为依据，自动选择或人工变换控制程序，如在上行高峰期，对电梯实行下行直驶控制等。

②梯群的智能控制。智能控制电梯有数据的采集、交换、存储功能，还有进行分析、筛选、报告的功能。控制系统可以显示出所有电梯的运行状态，通过专用程序可分析电梯的工作效率、评价电梯的服务水平。计算机根据当前的客流情况，自动选择最佳的运行控制程序。最新研制出的大楼管理系统，包括了大楼中所有服务设备，如锅炉、暖通、空调、电梯的群控和管理的智能化系统。

除上述常见的分类外，目前还有按机房位置、钢丝绳传动形式等分类方法，本节就不作详细介绍了。

（五）电梯的主要参数及规格尺寸

电梯的主要参数及规格尺寸是电梯制造厂设计和制造电梯的依据。用户选择电梯时，必须根据电梯的安装使用地点、载运对象等，正确选择电梯的类别和有关参数，并根据这些参数与规格尺寸，设计和建造安装电梯的建筑物，否则会影响建筑物的使用。

电梯的主要参数如下：

①额定载质量（kg）：制造和设计规定电梯的额定载质量。

②轿厢尺寸（mm）：宽×深×高。

③轿厢形式：有单或双面开门及其他特殊要求等，以及对轿顶、轿底、轿壁的处理，颜色的选择，对电风扇、电话的要求等。

④轿门形式：有栅栏门、封闭式中分门、偏开门、双折中分门等。

⑤开门宽度（mm）：轿厢门和层门完全开启时的净宽度。

⑥开门方向：人站在轿厢外面对轿厢门，向左方向开启的为左开门，向右方向开启的为右开门，两扇门分别向左右两边开启的为中开门，也称中分门。

⑦曳引方式：常用的有半绕1∶1绕绳比，轿厢的运行速度等于钢丝绳的运行速度。半绕2∶1绕绳比，轿厢的运行速度等于钢丝绳运行速度的一半。全绕1∶1绕绳比，轿厢的运行速度等于钢丝绳的运行速度等。

⑧额定速度（m/s）：制造和设计所规定的电梯运行速度。

⑨曳引机规格：曳引机位置（上机房、下机房、无机房）、曳引机方向（左置、右置）、槽型、导向轮直径（mm）、绳轮直径（mm）、制动器类型等。

⑩电动机规格：电动机功率（kW）、转速（r/min）、启动频率（次/h）、电压（V）、频率（Hz）、额定电流（A）等。

⑪曳引绳配置：直径×根数。

⑫电气控制系统：控制方式、拖动系统的形式等。

⑬平衡系数：用百分比表示。

⑭停站数：建筑物内各楼层用于出入轿厢的地点均称为站。

⑮提升高度(mm):由底层端站楼面至顶层端站楼面之间的垂直距离。

⑯顶层高度(mm):由顶层端站楼面至机房楼板或隔音层楼板下最突出构件之间的垂直距离。电梯的运行速度越快,要求顶层高度越高。

⑰底坑深度(mm):由底层端站楼面至井道底面之间的垂直距离。电梯的运行速度越快,要求底坑越深。

⑱井道高度(mm):由井道底面至机房楼板或隔音层楼板下最突出构件之间的垂直距离。

⑲井道尺寸(mm):宽×深。

四、任务实施

教师演示操作高仿真教学模型电梯的运行,学生观察,按照电梯的4大空间,指出主要电气部件的安装位置,并说明其功能。

学生在教师的指导下,仔细观察模型电梯的结构和运行过程,按照教师指定要求,完成任务实施表(表1-1-7)。

对不熟悉的问题,在老师的指导下,学生可以操作演练。

表1-1-7 电梯结构任务实施表

序号	部件名称	安装位置	功能	备注
1				
2				
3				
4				
5				
6				

五、任务评价

任务完成后,教师组织学生进行分组汇报,并给予评价。

六、问题与思考

①电梯结构中,制动器、限速器和编码器的功能是什么?
②电梯底坑都有哪些电气部件?

七、拓展知识

TWIN双子电梯系统是目前市场上唯一的两个轿厢独立运行于同一井道的电梯系统,其结构示意图如图1-1-3所示。它解决了长期以来高层建筑的业主、施工人员和住户在施工期和完工后的各种需求。

两个轿厢在同一井道独立运行,让两个乘客同时抵达不

图1-1-3 TWIN双子电梯示意图

同楼层成为可能。当一个轿厢的乘客进出电梯时,其上或其下的另一个轿厢照常运行,乘客无需等待。为了使两个轿厢各自独立运行并减少不必要的等待时间,双子电梯采用了乘客分组系统——蒂森克虏伯电梯智能化目标选择控制系统(DSC)——通过减少停靠楼层和改善终端用户的服务水平来最大限度地缩短运行时间。乘客通过刷卡或输入密码,并在触摸屏终端上选择他们要去的楼层,电脑会辅助系统选出能够最快抵达该楼层的电梯并将其显示在屏幕上。除了优化交通流量,DSC 系统也让电梯群组操作运行更加灵活,并且能够适应不同业主或住户的需求,包括 VIP 功能或紧急呼梯优先运行功能让乘客可以立即使用任意一台电梯。

通过减少高度超过 50 m 的建筑物有效维修所需的轴数,TWIN 可以最大化可使用空间。当乘客量很低时,TWIN 停放一个轿厢以节省能源,而另一轿厢保持运转。可选的能量回收功能可将大约 30% 的回收制动能量输送回建筑物的电网。

任务二 电梯的主要电气部件

一、任务目标

①理解电梯主要电气部件的功能。
②了解电梯的曳引机、变频器的选型计算方法。

二、任务描述

理解电梯电气部件的功能,是学习电梯控制系统技术以及电梯的电气维修技术的基础。本任务要求学生能够讲述电梯主要电气部件的工作原理、在电梯中的作用以及安装位置。

三、相关知识

(一)曳引机

1. 概述(表 1-2-1)

表 1-2-1 曳引机的概述

功能	曳引机是电梯的主拖动部件,驱动电梯的轿厢和对重装置做上、下运动	
组成	电动机、制动器、减速器(箱)和曳引轮等	
分类	无齿轮曳引机	拖动装置的动力不用中间的减速器而直接传递到曳引轮上的曳引机,一般以直流电动机为动力,常用在快速电梯上
	有齿轮曳引机	拖动装置的动力通过中间减速器传递到曳引轮上的曳引机,其中的减速箱常采用蜗轮蜗杆传动(也有用斜齿轮传动)。这种曳引机用的电动机有交流、直流两类,一般用于低速电梯和快速电梯上

曳引机技术性能要求:
①电动机的额定容量为短时重复工作制,要具有能重复短时工作,并可频繁启动、制动及

正反转运转的特性。

②能适应一定的电源电压波动,有足够的启动力矩,能满足轿厢满负荷启动、加速的启动力矩要求。

③要求启动电流小,以免过大地影响电网电压。在额定电压下,电机堵转电流与额定电流之比应不大于4.5。

④要有发电制动的特性,能由电动机本身的性质来控制电梯在满载下行或空载上行时的速度,而达到安全运行之目的。

⑤要有较硬的机械特性,不会因电梯载重的变化而引起电梯运行速度的过大变化。

⑥要有良好的调速性能。为保证电梯速度的稳定性,在额定电压下,电动机的转差率在高速时应不大于12%;在低速时应不大于20%。

⑦运转平稳、工作可靠、噪声小及维护简单。

2.永磁同步无齿轮曳引机的结构及特点

(1)永磁同步无齿轮曳引机的结构

永磁同步无齿轮曳引机成为现代电梯的首选曳引机。

永磁同步无齿轮曳引机主要由稀土类永磁同步电动机、制动系统、曳引轮等组成。其原理是通过高精度的速度传感器的检测、反馈和快速电流跟踪的变频装置的控制,以同步转速进行转动,由与直流电动机相同的线性、恒定转矩及可调节速度的电动机平稳地直接驱动曳引轮,比异步电机结构更简单。

常见的永磁同步无齿轮曳引机按制动方式分为双推(臂式)式无齿轮曳引机和鼓式(叠式)无齿轮曳引机,如图1-2-1所示。

(a)双推(臂)式　　　　　　　　(b)鼓式(叠式)

图1-2-1　两种常见的永磁同步无齿轮曳引机

以双推式永磁同步无齿轮曳引机为例,其结构如图1-2-2所示。

(2)永磁同步无齿轮曳引机的特点

与传统有齿轮曳引机相比,永磁同步无齿轮曳引机具有如下主要特点:

①整体成本较低。传统的有齿轮曳引机体积庞大,需要专用的机房,而且机房面积也较大,增加了建筑成本;永磁同步无齿轮曳引机结构简单,体积小,质量小,可适用于无机房状态,即使安装在机房也仅需很小的面积,使得电梯整体成本降低。

②节约能源。传统的有齿轮曳引机采用齿轮传动,机械效率较低,能耗高,电梯运行成本较高;永磁同步无齿轮曳引机由于采用了永磁材料,没有了励磁线圈和励磁电流消耗,使得电

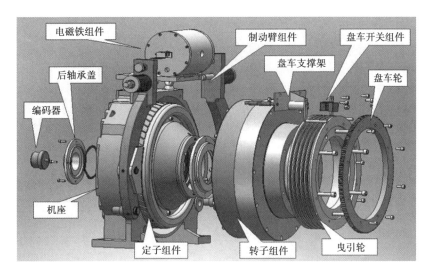

图 1-2-2 双推式永磁同步无齿轮曳引机结构示意图

动机功率因数得以提高,与传统有齿轮曳引机相比,能源消耗可以降低40%左右。

③噪声低。传统的有齿轮曳引机采用齿轮啮合传递功率,所以齿轮啮合产生的噪声较大,并且随着使用时间的增加,齿轮逐渐磨损,导致噪声加剧;永磁同步无齿轮曳引机采用非接触的电磁力传递功率,完全避免了机械噪音、振动、磨损。曳引电动机转速较快,产生了较大的运转和风噪;永磁同步无齿轮曳引机本身转速较低,噪声及振动小,所以整体噪声和振动得到明显改善。

④性价比高。永磁同步无齿轮曳引机取消了齿轮减速箱,简化了结构,降低了成本,减小了质量,并且传动效率的提高可节省大量的电能,运行成本低。

⑤安全可靠。永磁同步无齿轮曳引机运行中,当三相绕组短接时,轿厢的动能和势能可以反向拖动电动机进入发电制动状态,并产生足够大的制动力矩阻止轿厢超速,所以能避免轿厢冲顶或蹲底事故;当电梯突然断电时,可以松开曳引机制动器,使轿厢缓慢地就近平层,解救乘员。

另外,永磁同步电动机具有启动电流小、无相位差的特点,使电梯启动、加速和制动过程更加平顺,改善了电梯舒适感。

永磁同步无齿轮曳引机最大的问题是价格较昂贵,且由于低速电机的效率低(远低于普通异步电机),同时对于电机变频器和编码器的要求提高,电机维修难度大,一旦出故障,必须拆下送回工厂修理,给推广使用带来不利的影响。

(二)制动器

电梯上必须设有制动器,在电梯停止或电源断电情况下制动抱闸,以保证电梯不再移动。电梯应设有两组独立的制动机构,任何一组均能制停电梯运行。

功能:对主动转轴起制动作用、能使工作中的电梯轿厢停止运行,它还对轿厢与厅门地坎平层时的准确度起着重要的作用。

位置:安装在电动机的旁边,即在电动机轴与减速箱蜗杆轴相连的制动轮处(无齿轮曳引机制动器安装在电动机与曳引轮之间)。

1. 电梯上应用的制动器及基本要求

电梯采用的是机电摩擦型常闭式制动器,如图 1-2-3 所示。

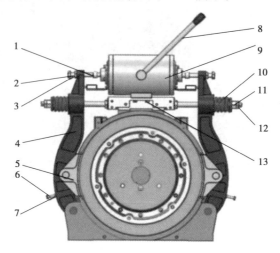

图 1-2-3　机电式制动器结构

1—顶杆帽;2—松闸螺栓;3—松闸螺栓锁紧螺母;4—制动臂;5—制动瓦;
6—制动瓦调节螺栓;7—制动瓦调节螺栓锁紧螺母;8—手动松闸杆;
9—电磁铁;10—制动弹簧;11—弹簧紧固螺母;12—弹簧锁紧螺母;
13—电磁铁紧固螺栓

所谓常闭式制动器,指机械不工作时制动器处于制动状态,机械运转时解除制动的制动器。电梯制动时,依靠机械力的作用,制动带与制动轮摩擦产生制动力矩;电梯运行时,依靠电磁力使制动器松闸,因此又称电磁制动器。根据制动器产生电磁力的线圈工作电流,制动器分为交流电磁制动器和直流电磁制动器。由于直流电磁制动器制动平稳、体积小、工作可靠,电梯多采用直流电磁制动器,这种制动器的全称是常闭式直流电磁制动器。

制动器是保证电梯安全运行的基本装置。对电梯制动器的要求是:能产生足够的制动力矩,而且制动力矩大小应与曳引机转向无关;制动时对曳引电动机的轴和减速箱的蜗杆轴不应产生附加载荷;当制动器松闸或合闸时,除了保证速度快之外,还要求平稳,而且能满足频繁起动、制动的工作要求;制动器的零件应有足够的刚性和强度;制动带有较高的耐磨性和耐热性;结构简单、紧凑、易于调整;应有人工松闸装置;噪声小。

另外,对制动器的功能有以下几点基本要求:

①当轿厢载有 125% 额定载质量并以额定速度向下运行时,制动器自身应能使驱动主机停止运转。在上述情况下,轿厢的平均减速度不应大于安全钳动作或轿厢撞击缓冲器所产生的减速度。

②所有参与向制动面施加制动力的制动器机械部件应至少分两组设置。如果由于部件失效,其中一组不起作用,另一组应仍有足够的制动力使载有额定载质量以额定速度下行的轿厢和空载以额定速度上行的轿厢减速、停止并保持停止状态。

③应监测制动器的正确提起(或释放)或验证其制动力。如果检测到失效,应防止电梯的下一次正常启动。

④被制动的部件应以可靠的机械方式与曳引轮或卷筒、链轮直接刚性连接。

⑤曳引机必须有两个独立的机电装置,不论这些装置与用来切断电梯驱动主机电流的装置是否为一体;当电梯停止时,如果其中一个机电装置没有断开制动回路,应防止电梯再运行。该监测功能发生固定故障时,也应有同样的动作。

⑥当电梯的电动机有可能起发电机作用时,应防止该电动机向操纵制动器的电气装置直接馈电。

⑦断开制动器的释放电路后,制动器应无附加延迟地有效制动。

⑧机电式制动器的过载和(或)过流保护装置(如果有)动作时,应同时切断驱动主机供电;在电动机通电之前,制动器不能通电。

⑨应能采用持续手动操作的方法打开驱动主机制动器。该操作可通过机械(如杠杆)或由自动充电的紧急电源供电的电气装置进行。考虑连接到该电源的其他设备和响应紧急情况所需的时间,应有足够容量将轿厢移动到层站。手动释放制动器失效不应导致制动功能的失效。

2. 机电式制动器的工作原理

当电梯处于静止状态时,曳引电动机、电磁制动器的线圈中均无电流通过,这时因电磁铁芯间没有吸引力,制动瓦块在制动弹簧压力作用下将制动轮抱紧,保证电梯不工作。

曳引电动机通电旋转的瞬间,制动电磁铁中的线圈也同时通上电流,电磁铁芯迅速磁化吸合,带动制动臂使其克服制动弹簧的作用力,制动瓦块张开,与制动轮完全脱离,电梯得以运行。

当电梯轿厢到达所需停站时,曳引电动机失电、制动电磁铁中的线圈也同时失电,电磁铁芯中磁力迅速消失,铁芯在制动弹簧力的作用下通过制动臂复位,使制动瓦块再次将制动轮抱住,电梯停止工作。

(三)编码器

1. 编码器的结构和工作原理

编码器通常装在曳引电动机轴上,如图 1-2-4 所示。它一方面给驱动系统提供反馈的速度检测信号,另一方面又给控制系统提供脉冲位置信号。有的控制系统,单独在限速器侧装有专门的位置检测编码器,由于此时它不受电梯钢绳打滑影响,其准确性更好。

对电梯编码器主要性能要求是:高精度、高灵敏度、工作可靠、稳定性好、抗干扰能力强、动态特性良好、结构简单、成本低等。主要检查的项目有:外观、主轴启动力矩、允许转速、允许轴负荷(轴向和径向)、惯性力矩、耐振动性、耐冲击性、耐高温性、抗干扰能力、电源电压适应性、消耗电流、输出信号幅值及相位关系、相位差变化量(相位度)、输出脉冲准确度(分解度)、占空比、上升下降时间、响应频率、平均寿命、外伸电缆长度等。

电梯编码器结构如图 1-2-5 所示,一般分为增量型与绝对型。它们最大的区别:在增量电梯编码器的情况下,位置是由从零位标记开始计算的脉冲数量确定的;绝对型电梯编码器的位置是由输出代码的读数确定的,在一圈里,每个位置的输出代码的读数是唯一的。因此,当电源断开时,绝对型电梯编码器并不与实际的位置分离。如果电源再次接通,那么位置读数仍是当前的,不像增量电梯编码器那样,必须去寻找零位标记。

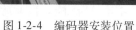

图 1-2-4　编码器安装位置

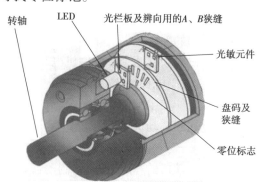

图 1-2-5　编码器结构示意图

编码器在旋转盘转动时,光敏二极管断续地收到发光二极管发出的光,从而输出方波。耦合器与曳引机相连接,经过计算单位时间内编码器输出的脉冲波来反映当前曳引机的转速和位置变化。

增量式电梯编码器是将位移转换成周期性电信号,再把这个电信号转变成计数脉冲,用脉冲的个数表示位移的大小。绝对式电梯编码器的每一个位置对应一个确定的数字码,因此它的示值只与测量的起始和终止位置有关,而与测量的中间过程无关。

2. 编码器的作用

电梯编码器的作用有:

①反馈电梯运行的速度和运行方向。

②反馈电梯轿厢在井道中的位置。

编码器的电压一般有 5 V、8 V、12 V,电线数量不同,精度有 300、600、1 024、2 048、4 096 脉冲/转。一般永磁同步无齿轮曳引机的脉冲数是 2 048。

(四)控制柜

控制柜(控制屏)是电梯控制系统的核心部件,可以说电梯的一切动作基本上都由控制柜(控制屏)指挥。控制柜(控制屏)通常都放置在电梯机房,但在少数情况下不放在机房,如无机房电梯,此时控制柜通常放在电梯最高层的厅门旁边。在继电器控制阶段,它一般做成一个屏架结构,所以那时都称为控制屏。而到了 PLC 控制阶段及专用微机控制系统阶段后,大多都采用柜子的形式,所以现在都称它为控制柜。

控制柜(控制屏)的实体主要由以下部件组成:

①主控制器。在继电器控制阶段,主控制器由许多的继电器组成;在 PLC 控制阶段,主控制器是 PLC;而在专用微机控制系统(包括串行通信的微机控制系统)中,主控制器就是专用微机板。

②调速装置。交流双速驱动钢丝绳牵引电梯或液压驱动的电梯没有专用的调速装置。而 ACVV 电梯,调速装置就是交流调压调速装置;直流调速电梯,调速装置就是直流调速装置;目前最通用的变频(VVVF)电梯,调速装置就是变频器。

③相序继电器。相序继电器是由运放器组成的一个相序比较器,可比较电压幅值、频率高低和相位。

相序继电器主要用于电源相序错相或断相保护中,当相序为正确时,继电器动作获得输出。当相序为不正确时或交流回路任一相断线时,相序继电器将触发动作,切断控制电路的电源从而达到切断电动机电源、保护电动机的目的,如图1-2-6所示。

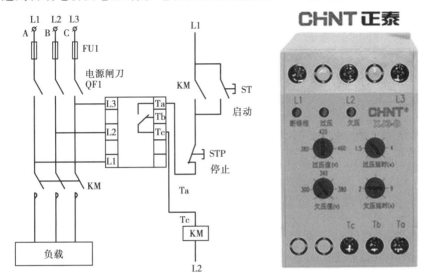

图 1-2-6　相序继电器

④接触器。接触器用于控制电动机电源主回路的通断。在交流双速驱动方式的系统中,还通过接触器切换在主回路串接的电阻、电抗的数量,从而实现调速的目的。在液压驱动电梯的控制系统中,接触器还用来控制液压泵的各种阀门,从而控制电梯的运行方向和运行速度。

⑤变压器、镇流二极管桥堆、熔断丝等,用于提供各控制电源。

⑥辅助继电器,如开、关门继电器、安全回路继电器、门锁继电器等。在继电器控制系统中,这一部分就没必要单独列出。

⑦接线端子或接插件,用于同其他部件的连接、调试和维修时的测量。

⑧按钮、开关及其他,用于操作电梯。

⑨在变频电梯中还有用于提高EMC性能的滤波器、磁环等。

其他还有如交流双速系统中的板形电阻器及电抗器,VVVF驱动系统中的制动电阻,还有如相序继电器、抱闸电阻等。

(五)操纵箱

操纵箱(COP)装在电梯轿厢内轿门的侧面。除了采用目的楼层召唤系统的电梯控制系统外,绝大多数的电梯都有一个或一个以上的操纵箱。操纵箱(图1-2-7)主要为电梯司机或乘客提供操作电梯的界面。操纵箱的面板上装有与电梯层楼数相同的指令按钮,供司机或乘客选择,还有开、关门按钮,用于操作门的动作。另外,在分门内(或是在面板上以钥匙开关的形式)装有若干开关,如独立运行开关、自动/检修开关(欧洲国家的电梯通常没有该开关)、照明开关、风扇开关等,供司机或维修人员使用。

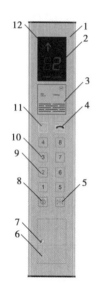

图 1-2-7 电梯操纵箱（COP）
1—面板；2—楼层显示；3—铭牌；
4—对讲按钮；5—关门按钮；6—暗盒；
7—暗盒锁；8—开门按钮；
9—已登记的轿内指令按钮；
10—未登记的轿内指令按钮；
11—警铃；12—运行方向指示

大多数操纵箱的上方还装有层楼显示器，以显示电梯的层楼位置和运行方向。操纵箱的面板上，还装有警铃和内部通话装置按钮，在电梯遇到故障或其他紧急状况时，乘客可按该按钮向外面求助。在采用串行通信技术控制系统的电梯中，操纵箱的面板背面通常还装有微机板，负责串行数据通信等工作。

（六）门机系统

电梯门机是指一个系统，包括门电机、门机变频器（门机控制器）、门刀、门轮、皮带等，一般把电梯门机电机简称门机。门机是控制电梯开、关门的装置，它安装在轿顶的轿门上方。最早期的电梯门是手动开关的，而现代电梯门是自动门，它是通过门机电机驱动的。

门机电机从形式上分为直流门机和交流门机。

从驱动方式分，门机有直流电阻调速门机、交流电阻调速门机、直流 DCVV 调速门机、交流 ACVV 调速门机，还有现在流行的交流 VVVF 调速方式的门机。

和变频门机相比，永磁同步门机将交流异步电机升级到了永磁同步电机。永磁是电机励磁的一种方式，变频是电机变速的控制方式。也就是说，变频门机强调的是门机控制部分由变频控制，而永磁同步门机强调的是门机电机是永磁电机。变频技术和永磁同步这两种技术其实是相辅相成的。

典型的永磁同步变频门机系统结构，如图 1-2-8 所示。

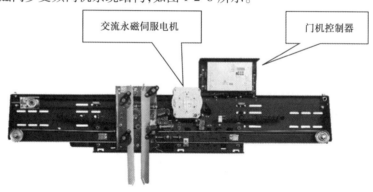

图 1-2-8 永磁同步变频门机系统

1. 永磁同步门机

永磁同步门机是已经内嵌了编码器的永磁伺服电机，如图 1-2-9 所示。

采用内嵌了编码器的永磁伺服电机，和传统的变频驱动异步电机相比较，具有以下几个特点：

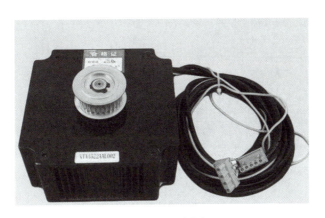

图 1-2-9　永磁同步门机

（1）转矩大

永磁伺服电机具有低速、大转矩的特点，一般情况下，在低速运行时，门机堵转转矩可达 8 N·m，而同样效能下的变频异步门机的最大转矩只有 3 N·m。

（2）效率高

永磁同步电机转子没有损耗，输出效率高达 86%。而传统采用的感应电机功率因数和效率随极对数增加迅速降低，输出效率只有 70%。

（3）节能

转子采用永磁材料，无需消耗励磁感应电流，使用 100 W 异步电机，输出效能仅相当于 48 W 的同步电机。

（4）温升小

永磁伺服电机的温升一般在 10～15 ℃，而交流异步电机一般温升 30 ℃，因此磁通效率高。

（5）体积小

通过设计多极对数，可以进一步减小电机体积，有利于设计薄型门机，将门机安装在电梯的轿厢门楣上。而异步电机体积大，会影响

（6）精度高

永磁伺服电机驱动直径 25 mm 的皮带　　　　　　mm 的位移。

（7）谐波噪声小

永磁同步电机产生较小的谐波噪音，应用于电梯系统中，可以带来更佳的舒适感。

一般永磁同步门机内嵌的编码器，具有以下几个特点：

①采用霍尔效应磁编码器，具有可靠性好、无磨损、抗振动、寿命长、工作环境要求低（可在多尘、潮湿、高温下工作）等特点。

②单圈绝对值编码器，没有误差累积。

2.门机控制器

电梯门机控制器就是一个控制电梯门机电机工作状态的设备，根据外部命令控制电机正转或者反转，包括转动速度等（图 1-2-10）。

图 1-2-10　门机控制器

控制器采用闭环矢量控制方式,可通过控制器上的功能按钮,直接改变运行状态(无需记忆参数)。也可选配外接调试器修改参数,方便调试。

3. 电梯门机系统的性能要求

电梯门机系统除了能自动启、闭轿厢门,还应具有自动调速功能,以避免在起端与终端发生冲击。为了达到启、闭迅速,又能在起止端运动平稳,因此在开关门过程中应具有合理的速度变化,一般关门的平均速度要低于开门的平均速度。其开关门的速度变化过程分解后应当是:

(1)开门

低速启动运行(时间 t_1)⇨加速至全速运行(时间 t_2)⇨减速运行(时间 t_3)⇨停机,惯性运行至门全开(时间 t_4)。

所以可以得出开门时间: $T = t_1 + t_2 + t_3 + t_4$。

假设门的行程为 L,那么开门平均速度, $V = L/T$ (m/s)。

在开门行程中, t_2 这个阶段是主运动,一般占整个行程的 60% 以上,其余均属缓冲行程,这样能使启动和停止比较平稳。

不同规格的电梯,开门时间不尽相同,因此 t_1、t_2、t_3、t_4 所占的比例也有所不同。

(2)关门

全速起动运行(时间 t_1)⇨第一级减速运行(时间 t_2)⇨第二级减速运行(时间 t_3)⇨停机,惯性运行至门全闭(时间 t_4)。

同样可以得出关门时间: $T = t_1 + t_2 + t_3 + t_4$。

假设门的行程为 L,那么关门平均速度 $V = L/T$(m/s)。

在关门过程中, t_1 这个阶段是主运动,一般占整个行程的 70% 左右。根据使用要求,一般关门的平均速度要低于开门平均速度,这样可以防止关门时将人夹住,而且客梯的门还设有安全触板。

(七)召唤盒、层楼显示器及其他声光部件

在每层楼的厅门侧面都装有一个召唤盒,在召唤盒上通常都装有上、下两个召唤按钮(有些情况下只有一个按钮,如顶层或底层,下集选方式的电梯也只有一个下召唤按钮),用来给乘客召唤电梯用。层楼显示器用来显示电梯的层楼位置和运行方向。它通常有三种方式:跳灯、七段码以及二极管点阵。现在还采用一些豪华的显示器,如等离子显示器和液晶显示器等。层楼显示器分轿内显示器和层站显示器。轿内显示器大部分装在操纵箱的上端,也有少数装在轿门的上方。现在的层站显示器大多也装在召唤盒上,也有一些装在每层楼的厅门上方。其他声光部件主要有:到站预报灯、轿厢到站钟、层站到站钟、语音报站装置、蜂鸣器等。

(八)轿顶检修箱

轿顶检修箱装在轿顶。轿顶检修箱是为维护修理人员设置的电梯电气控制装置,以便维护修理人员点动控制电梯上、下运行,安全可靠地进行电梯维护修理作业。检修箱上装设的电气元件包括急停(红色)按钮、正常和检修运行转换开关、点动上下慢速运行按钮开关、电源插座、照明灯及控制开关。有些也装有开门和关门按钮、到站钟等。还有的在检修箱内部装有接插件或接线端,为电缆线的连接提供接口(图1-2-11)。

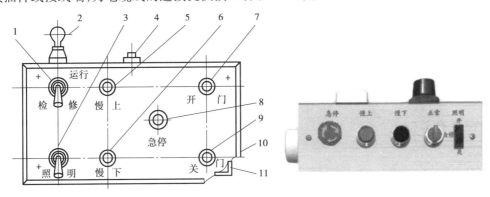

图1-2-11　轿顶检修箱结构及实物图

1—运行检修转换开关;2—检修照明灯;3—检修照明灯开关;4—电源插座;5—慢上按钮;

6—慢下按钮;7—开门按钮;8—急停按钮;9—关门按钮;10—面板;11—底盒

(九)照明和风扇

照明和风扇实际上和电梯控制系统的主体没有太大关系,但它毕竟还是电气控制系统的一部分。照明主要有轿厢照明、井道照明、轿顶照明和底坑照明,都各自有开关直接控制。

轿厢照明和井道照明都采用 AC 220 V,而轿顶照明和底坑照明,根据国家标准,必须采用AC 36 V 安全照明电源。

风扇只有轿厢风扇,装在轿厢的顶部,它也由开关控制。另外,在全自动状态时,轿厢照明和风扇的开关通常都处于闭合状态,如果有较长一段时间无人用梯,控制系统通过控制继电器切断轿厢照明和风扇电源,从而起到节约电能的作用。

(十)平层和门区开关

平层开关和门区开关装在轿厢的外侧,通常都采用马蹄形的光电开关或磁开关。在井道内对应每层楼的平层位置都装有插板(一般为铁板,但也有少数的磁开关为了阻磁用铝板)。当轿厢到达每层楼的平层位置时,插板正好插入平层开关。平层开关的正确动作帮助控制系统精确计算电梯的层楼位置,同样还帮助电梯精确平层。

门区开关的作用是检测电梯的门区信号,保证电梯只有在门区位置才能开门。

目前,国内采用的很多检测系统中,门区和平层开关用的是相同的开关,或是用平层开关的逻辑组合产生门区开关信号。但是当电梯有假层时,或者电梯具有开门再平层功能时,为了安全起见,门区开关必须独立。

1. 磁平层/门区开关

结构:由装于轿顶的磁开关和装于井道中的隔磁板组成(图1-2-12)。

工作原理:当电梯到达一个层站时,某层的隔磁板插入磁开关中,磁感应器内干簧管触点接通,从而发出门区信号。

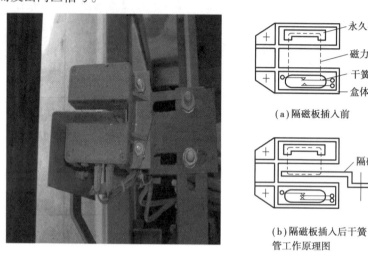

(a)隔磁板插入前

(b)隔磁板插入后干簧管工作原理图

图1-2-12　磁平层/门区开关实物图

2. 光电式平层/门区开关

结构:由装于轿顶的光电开关和装于井道中的隔板组成(图1-2-13)。

工作原理:当电梯到达一个层站时,某层的隔板插入光电开关中,光电接收装置接收不到信号,从而发出门区信号。

图1-2-13　光电式平层开关

四、任务实施

教师组织学生分组,借助于教学模型梯,指定若干个电气元件,完成表1-2-2。

表 1-2-2 实施评价表

序号	名称	作用	安装位置
1	接触器		
2	相序继电器		
3	门机		
4	制动器		
5	轿厢操纵箱		
6	平层开关		
7	变频器		

五、任务评价

任务完成后,由教师指导对本任务的完成情况进行评价,记录到表 1-2-3 中。

表 1-2-3 评价记录表

序号	内容	分值	评价标准	得分	备注
1	电气部件的作用、安装位置描述正确	60	没有找到指定部件,扣 5 分/个;作用回答错误,扣 5 分/个;安装位置回答错误,扣 5 分/个;扣完为止		
2	安全意识及操作规范	40	未按照要求进行安全操作,扣 10 分/次;扣完为止		
	得分合计		教师签名		

六、问题与思考

①电梯对电梯制动器的要求是什么?

②在使用变频器作为驱动装置时,电源侧的相序并不影响变频器输出侧的相序,那么,在变频驱动的电梯系统中,为什么还需要相序继电器?

七、拓展知识

(一)电梯曳引机的选型与计算

1. 曳引机选择的原则

选择曳引机时,其必须满足以下 5 个条件:

①根据曳引机有关额定参数所得电梯的运行速度与电梯额定速度的关系应满足《电梯制造与安装安全规范 第 1 部分:乘客电梯和载货电梯》(GB/T 7588.1—2020)的 5.9.2.4 中对电梯速度的要求,即:当电源为额定频率,电动机施以额定电压时,电梯的速度不得大于额定

速度的 105%, 宜不小于额定速度的 92%。

②电梯的直线运行部件的总载荷折算至曳引机主轴的载荷应不大于曳引机主轴最大允许负荷。

③曳引机的额定功率应大于其容量估算。

④电梯在额定载荷下折合电机转矩应小于曳引机的额定输出转矩。

⑤电梯曳引电机起动转矩应不大于曳引机的最大输出转矩。

2. 曳引机的选型计算

某项目所参考的永磁同步曳引机的参数见表 1-2-4。

表 1-2-4　曳引机计算选择参考参数

参数名称	参数代号	单位	参数值	备注
型号			SWTY1-800-100	
曳引机额定转速	n	r/min	48	
曳引机额定输出转矩	M_n	N·m	1 015	
曳引机最大输出转矩	M_{max}	N·m	1 015	
曳引机额定功率	P_N	kW	5.1	
曳引机额定电压	U_N	V	380	
曳引机额定电流	I_N	A	12	
曳引机额定频率	f_N	Hz	8	
曳引轮节径	D	mm	400	
电梯曳引比	R_t		1:1	
曳引机额定效率	η_M	%	95	
曳引机工作制			S5	
曳引机每小时起动次数	N_{comp}	次/时	180	
曳引机主轴最大允许负荷	R_{max}	kg	6 000	

该项目中,有关的电梯系统参数见表 1-2-5。通过计算,验证表 1-2-4 中的曳引机是否满足项目需求。

表 1-2-5　实例项目电梯系统的参考参数

参数名称	参数代号	单位	参数值	备注
电梯轿厢自重	P	kg	800	
电梯额定速度	V	m/s	1.0	
电梯平衡系数	q	%	48	
额定载质量	Q	kg	630	

参数名称	参数代号	单位	参数值	备注
电梯提升高度	H	m	57.92	
本类型电梯曳引钢丝绳的倍率(曳引比)	R_t		1:1	
曳引钢丝绳质量	W_{r1}	kg	120.6	
补偿链悬挂质量	W_{r2}	kg	0	
随行电缆悬挂质量	W_{r3}	kg	28.4	
电梯机械传动总效率	η	%	73	
电机轴承摩擦系数	μ		0.04	
电机轴承处的轴半径	r	mm	82.5	
曳引轮及所有系统滑轮节径	D	mm	400	
重力加速度	g	m/s²	9.8	

(1)曳引电动机功率的计算

$$P_N = \frac{QV(1-q)}{102\eta} = \frac{630 \times 1.0 \times (1-0.48)}{102 \times 0.73} = 4.4(\text{kW})$$

选用电动机的总功率为 $P = 5.1$ kW,满足设计要求。

(2)电梯的直线运行部件的总载荷折算至曳引机主轴载荷的计算

①电梯的直线运行部件的总载荷计算。

电梯的直线运行部件的总载荷:

$$R_{all} = P + Q + (P + q \times Q) + W_{r1} + W_{r2} + W_{r3}$$
$$= 800 + 630 + (800 + 0.48 \times 630) + 120.6 + 0 + 28.4 = 2\ 681.4(\text{kg})$$

②电梯的直线运行部件的总载荷折算至曳引机主轴的载荷。

$$R = \frac{R_{all}}{R_t} = \frac{2\ 681.4}{1} = 2\ 681.4(\text{kg}) = 2\ 681.4 \times 9.8 = 26\ 277.72(\text{N})$$

$$R < R_{max} = 6\ 000(\text{kg})$$

结论:符合表 1-2-4 中的要求。

(3)电梯在额定载荷下的电机转矩的核算

①电梯的最大不平衡质量计算。

电梯的最大不平衡质量:

$$T_S = P + Q + W_{r1} - (P + q \times Q) - W_{r2}$$
$$= 800 + 630 + 120.6 - (800 - 0.48 \times 630) - 0 = 448.2(\text{kg})$$

②电梯在额定载荷下的电机转矩计算。

在此计算中,考虑导向轮、反绳轮及导轨与导靴的摩擦阻力和钢丝绳的僵性阻尼,设效率 η_1 为 85%。

电梯在额定载荷下的电机转矩：

$$M_S = \frac{T_s \times D \times g}{4 \times \eta_1} = \frac{448.2 \times (400/1\,000) \times 9.8}{4 \times 0.85} = 571.3(\text{N} \cdot \text{m})$$

$$M_S < M_n = 1\,015(\text{N} \cdot \text{m})$$

结论：满足表 1-2-4 中的设计要求。

（4）曳引电机起动转矩的核算

①摩擦转矩的计算。

摩擦转矩：

$$M_f = \mu \times R \times r = 0.04 \times 26\,277.72 \times 82.5 \times 2/1\,000 = 173.43(\text{N} \cdot \text{m})$$

②加速转矩的计算。

a. 电梯直线运动部件换算至曳引轮节圆上的转动惯量计算。

电梯直线运动部件的转动惯量：

$$J_1 = \frac{R_{all} \times D^2}{16} = \frac{2\,681.4 \times (400/1\,000)^2}{16} = 26.814(\text{kg} \cdot \text{m}^2)$$

b. 旋转运动部件的转动惯量计算。

以表 1-2-6 为本类型电梯旋转运动部件的转动惯量计算表。

表 1-2-6　转动惯量计算表

旋转运动部件名称	直径/m	质量/kg	$mD^2/(\text{kg} \cdot \text{m}^2)$	换算至曳引轮的 $mD^2/(\text{kg} \cdot \text{m}^2)$
曳引机旋转部件	0.4	152	24.32	24.32
$\sum mD^2$				24.32

旋转运动部件的转动惯量：

$$J_2 = \sum mD^2 = 24.32(\text{kg} \cdot \text{m}^2)$$

c. 总转动惯量的计算。

总转动惯量：$J = J_1 + J_2 = 26.814 + 24.32 = 51.134(\text{kg} \cdot \text{m}^2)$

d. 最大起动角加速度的计算。

轿厢的设计最大起动加速度 α 为 0.4 m/s²。

曳引轮圆周处最大切向加速度 $\alpha_1 = R_t \times \alpha = 1 \times 0.4 = 0.4(\text{m/s}^2)$。

最大起动角加速度：$\varepsilon = \dfrac{\alpha_1}{D/2} = \dfrac{0.4}{(400/1\,000)/2} = 2(\text{m/s}^2)$。

e. 最大加速转矩的计算。

最大加速转矩：$M_D = J \times \varepsilon = 51.134 \times 2 = 102.27(\text{N} \cdot \text{m})$。

f. 曳引电机起动转矩的计算。

曳引电机起动转矩：

$M = M_S + M_f + M_D = 517.28 + 173.61 + 102.27 = 793.16(\text{N} \cdot \text{m}) < M_{max} = 1\,015(\text{N} \cdot \text{m})$ 且

$\dfrac{M}{M_{max}} = \dfrac{793.16}{1\,015} = 0.78$。一般永磁同步无齿轮曳引机的最大转矩与额定转矩之比为 2～2.5，所以本类型电梯所选用的曳引电机容量已足够了。

结论:符合表 1-2-4 中的要求。

（5）额定速度验算

实际额定速度应符合:

$$92\%V < V_n < 105\%V$$

$$V_n = \frac{\pi \cdot n \cdot D}{6 \times 10^4 \cdot R_t} = \frac{3.14 \times 48 \times 400}{6 \times 10^4 \times 1} = 1.0 (\text{m/s})$$

式中　n——电动机额定转速;

　　　D——曳引轮直径,mm;

　　　V——电梯运行额定速度。

　　　$92\%V = 0.92 \times 1.0 = 0.92 (\text{m/s})$; $105\%V = 1.05 \times 1.05 = 1.05 (\text{m/s})$

结论:额定速度符合 GB/T 7588.1—2020 第 5.9.2.4 中的要求,满足设计要求。

（二）制动器的选择原则

1. 一般选择制动器时应满足的条件

①能符合已知工作条件的制动力矩,并有足够的储备(应保证一定的安全系数)。

②所有构件要有足够的强度。

③摩擦零件的磨损量要尽可能小。

④摩擦零件不能超过允许的温度。

⑤上闸制动平稳,松闸灵活,两摩擦面能完全松开。

⑥结构简单,以便于调整和检修,工作稳定。

⑦轮廓尺寸和安装位置尽可能小。

2. 制动器制动力矩的计算

制动力矩是选择制动器的原始数据,通常是根据重物能可靠地悬吊在空中或考虑增加重物的这一条件来确定制动力矩的。重物下降时,由于惯性产生下降力作用于制动轮的惯性力矩,因此在考虑电梯制动器的安全系数时,不要忽略惯性力矩。

悬挂重物作用在制动轴上时产生的力矩 M:

$$M = \frac{W \times D}{2ie}$$

式中　W——悬挂质量,包括最长钢丝绳、起重轿厢及最大起质量,kg;

　　　D——制动轮直径;

　　　i——减速箱减速比;

　　　e——曳引比。

（通常在考虑安全系数时,交流电梯取 1.5,直流电梯取 1.1 ~ 1.2）

任务三　电梯的拖动技术

一、任务目标

①了解电梯拖动技术的发展历史。

②掌握 VVVF 电梯拖动技术的基本原理。

二、任务描述

本任务主要讲述交流调速电梯的电力拖动系统。首先讲述电梯拖动系统的基本概况，包括电梯运动系统的动力学、电梯运行速度曲线和电梯交流电动机等内容。然后分别讨论交流双速电梯、全闭环控制交流调压调速电梯、半闭环控制交流调速电梯以及变压变频调速电梯等交流电梯调速系统的工作原理。

三、相关知识

(一)电梯拖动技术发展概况

电梯拖动技术经历了由简单到复杂、由低级到高级的发展历程。我国电梯调速方法的发展历程分为三个阶段。

第一阶段始于20世纪70年代，其主要标志是交流双速电梯，该方法采用改变牵引电机极对数来实现调速。这种方法结构简单、价格低廉、使用和维护较为方便，但调速不够平滑，舒适感较差。

第二阶段始于20世纪80年代，主要使用交流调压调速方法，其性能优于交流双速电梯。该方法是通过改变三相异步电机定子端的供电电压来实现电机的调速，其制动多采用耗能制动。

第三阶段始于20世纪90年代，变压变频调速电梯(VVVF电梯)开始占据电梯市场。该方法通过调节电机定子绕组供电电压的幅值和频率来实现转速的调节。VVVF电梯具有节能、快速、舒适、平层准确、低噪声、安全等特点，目前已在电梯行业得到了广泛应用。

目前，VVVF电梯凭借其优越的调速性能和显著的节能效果，各类新制造的电梯基本都已实现了变压变频调速控制，其在电梯拖动控制方面已全面取代交流调压调速电梯而成为电梯市场的主流应用技术。

(二)交流调速技术概述

交流异步电机的转速表达式为：

$$n = n_0(1 - S) = \frac{60f_0}{P}(1 - S) \tag{1-3-1}$$

式中　n——电动机的转速；

　　　n_0——电动机的同步转速；

　　　f_0——电动机定子端电源的频率；

　　　P——电动机的极对数；

　　　S——电动机的转差率。

从式(1-3-1)可知，交流电机调速方式有3种，分别是：

1. 变极调速

异步电机的同步转速为 $n_0 = \dfrac{60f_0}{P}$（转/分），在电机定子端电源频率不变的情况下，改变电机定子绕组的极对数时，就可以改变同步转速，从而使电机的转速得到调节。

为了实现变极调速，可以在定子上安装两组独立的绕组，构成不同的极对数，也可以通过改变绕组接法的方式实现调速。

变极调速只适用于不需要平滑调速的载货电梯。

2. 改变转差率调速

改变转差率,也可以达到调节电机转速的目的。改变转差率调速的方法很多,如转子电路串接电阻调速、改变定子电压调速、串极调速。

这些调速方法的共同缺点是在调速过程中会产生大量的转差功率,这些转差功率消耗在转子电路上,不但使转子发热,也降低了工作效率。

目前电梯上使用较多的改变转差率调速的方法是变压调速,即通过改变定子电压来达到调速的目的。变压调速的调速范围非常窄,电动机线性调速范围小。因此,电梯上的变压调速都采用闭环控制,以提高调速范围。

3. 变频调速

当转差率变化不大时,异步电动机的转速 n 基本上正比于定子端电源的频率 f_0。因此,如果电机定子端电源的频率 f_0 可以平滑改变的话,异步电动机的转速就可以平滑调节。

通过改变电源频率来实现调速的方法,可以得到很大的调速范围及很好的机械特性,这种调速方法是目前电梯主要的调速方式。

(三)交流双速调速拖动技术

交流双速电动机拖动是电梯拖动系统中较为简单经济的一种。所谓双速,是为了提高电梯减速时的舒适感,通常采用双速鼠笼式异步电动机,减速时速度有两级变化。

交流双速电梯采用变极调速电动机作为曳引电动机,其变极比通常为 6/24 极,也有 4/6/24 极和 4/6/18 极的。从电动机结构看,有采用单绕组改变接线方式实现变极的,也有采用两组绕组的,它们各自具有不同的级数,通过接通不同的绕组来实现不同的转速。

双速电梯运行时的速度曲线(图 1-3-1)特点:

①在停车前有一个短时间的低速运行,是为提高平层精度而设置的,因双速电梯中不采用速度闭环控制。

②只有两个稳定运行速度:正常运行速度,停车前的低速。

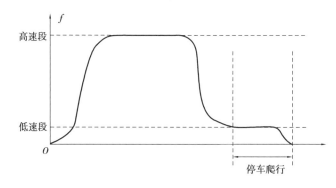

图 1-3-1 交流双速电梯速度曲线

电梯启动过程中,为了限制启动电流、减小电网电压的波动及减小启动时的加速度,改善乘坐的舒适感和防止机械冲击,一般在电动机定子中串入电阻、电抗或电阻和电抗组合,进行降压启动。随着电动机转速升高,逐级切除电阻或电抗,使电梯逐步加速,进入稳定运行。启动过程中,常采用一级或两级切除电阻、电抗。减速时,电动机由高速绕组转换到低速绕组。

为了限制其制动电流及减速速度,防止冲击过大,通常按二级或三级切除电阻、电抗。

在停车前有一个短时间的低速运行,这是为了提高平层精度,因为双速电梯中不采用速度闭环控制。如果由高速直接停车,轿厢就将冲过一段较大的距离,而这段距离又因电梯的负载情况、运行方向等原因而差距很大,这样就会造成平层精度超差。设置一个低速运行段后,停车前的运行速度、停车前的运行速度大约是额定速度的1/4,而运动部分的动能与速度的二次方成正比,速度减小到1/4,动能将减少到1/16,这时再抱闸停车,轿厢冲过的距离大大减小,不同工况的差别也将减小,可以保证需要的平层精度。

图1-3-2是典型的双绕组6/24极变极电机,用作电梯曳引电动机的主电路。

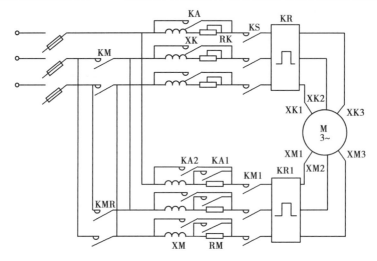

图1-3-2　交流双速电梯主拖动电路图

电梯启动时,首先上方向接触器KM(或下方向接触器KMR)吸合,快速接触器KS也吸合。而慢速接触器KM1断开,电源接通快速绕组。为减小启动电流及启动时的加速度,提高乘坐的舒适感,此时KA未吸合。定子绕组中串入了电阻RK(或电抗器XK)。这种启动实际上是降压启动。当电机转速达到一定数值后,逐步减小串联的电抗或电阻,直到最后KA吸合,从而完全短接电抗或电阻,使电梯逐步加速,最后电动机达到额定速度,电梯进入稳定运行。启动过程中常采用一次或二次短接切除电抗、电阻。

当电梯需要减速时,慢速接触器KM1吸合,快速接触器KS断开,此时电源接通慢速绕组,电机开始减速。同样,为了降低减速度及减小制动电流,在低速绕组中也需串入电抗XM或电阻RM,即接触器KA1和KA2断开,在减速过程中逐步吸合KA1和KA2接触器,使电机逐步减速直至停机。

增加电阻或电抗,可减小启、制动电流,增加电梯舒适感,但会使启动转矩减小或制动转矩减小,使加、减速时间延长。

从以上的分析不难看出,变极调速属于有极调速,速度变化有台阶感。因此,变极调速多用于对舒适感、平层精度要求不高的低速货梯上。

(四)交流调压调速(ACVV)拖动技术

交流调压调速电梯的特点及优势主要表现在两点:一个是对电梯稳速运行时实行闭环控制,通过闭环调压,使电梯不论负载轻重、不论运行方向均在额定梯速下运行。这样做一方面可以克服摩擦阻力的波动造成速度不均和振动,提高稳速运行阶段的舒适感,另一方面可以保证任何运行工况下减速停车前的初始速度都是同一个确定的值(即额定速度),从而提高减速阶段的控制精度,最终提高平层精度。

另一个优点是对电梯加速、减速过程实行闭环控制,通过调压或辅以其他制动手段,使电梯按预定的速度曲线升速或减速,从而获取加减速阶段的良好舒适感,并提高轿厢平层精度。

对加、减速阶段的过渡过程实行速度闭环控制是电梯控制与一般生产机械的速度控制所不同的地方。一般生产机械主要对稳速运行阶段实行速度的闭环控制,而在加速、减速阶段通常采用电流截止反馈使电机在最大允许电流下加速或减速,这样电机及其拖动的生产机械可以得到最大的加、减速度,从而提高劳动生产率。而电梯在加、减速阶段则要进行严格的速度闭环控制,这也就增加了电梯控制的难度。

1. 交流调压调速的原理

当异步电动机电路参数不变时,在一定转速下,电动机的电磁转矩 T_e 与定子电压 U 的平方成正比,即 $T_e \propto U^2$。因此,改变定子外加电压,就可以改变其机械特性的函数关系,从而改变电动机在一定输出转矩下的转速。异步电动机在不同电压下的机械特性,如图1-3-3所示。

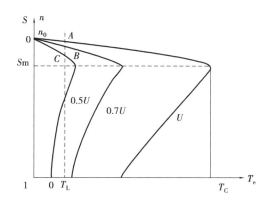

图1-3-3 异步电机在不同电压下的机械特性

当电机带有恒转矩负载 T_L 时,一般的鼠笼异步电动机在改变定子电压时,其稳定的工作点为 A、B、C,转差率的变化范围为 $0 \sim S_m$(S_m 为产生最大转矩时的转差率)。从图1-3-3可见,此时调速范围非常小。实际上,定子电压越低,机械特性越软,转速随转矩变化越大,这必然限制了调压调速的范围。

为了解决这一问题,对恒转矩性质的负载,往往采用带转速负反馈的闭环控制系统,如图1-3-4所示。图中的 U_n^* 为给定电压,TG 为测速发电机装置。

图1-3-5为带转速负反馈闭环控制的交流调压调速系统的机械特性。当系统负载转矩 T_L 在 A 点运行时,如果负载增大而引起转速下降,电机测速装置TG(电梯上常用光电编码器)立即将电机适时的转速信息 U_n 反馈回调速系统。该信息与给定电压 U_n^* 比较后,根据两个信息的差值系统会提高定子电压,从而在新的一条机械特性曲线上找到工作点 A'。同样,当负载减小时,会引起电机转速上升,电机测速装置TG立即将电机转速信息 U_n 反馈回调速系统,该信息与给定电压 U_n^* 比较后,系统会降低定子电压,从而在另一条机械特性曲线上找到工作点 A''。

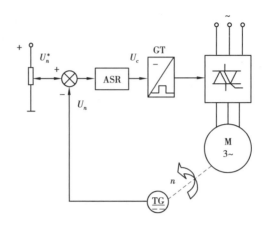

图 1-3-4　带转速负反馈的调压调速系统

从上面的讨论可以看出,带转速负反馈的调压调速系统实际上是通过测速装置的反馈信息来改变定子电压,从而维持电机转速与给定电压 U_n^* 的一致性。改变给定电压 U_n^*,即可改变电机转速。

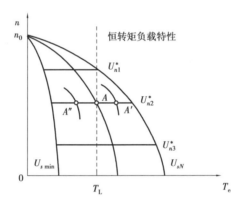

图 1-3-5　带转速负反馈闭环控制的交流调压调速系统的机械特性

图 1-3-5 中所示的额定电压 U_{sN} 下的机械特性和最小输出电压 $U_{s\,min}$ 下的机械特性是带转速负反馈的调压调速系统左右两边的极限,当负载变化达到极限时,该系统便失去控制能力。

2.调压装置

目前普遍采用的调压方法采用三对彼此反并联的可控硅为星形接法的电机供电,如图 1-3-5 所示。在这种接线方式下,只有一个可控硅被触发是不能构成回路的。也就是说,当一相的正向可控硅被触发时,在另两相中至少得有一个反向的可控硅被触发才能将电源电压加到电机绕组上。

图 1-3-5 表示了 6 个可控硅的触发脉冲与三相电源电压 Uu0、Uv0、Uw0 的相对关系,6 个触发脉冲彼此间隔 60°电角度。

规定 Uu0 的正向过零点为 $\alpha = 0°$ 点,则 1 号脉冲的前沿与该点的间隔就被称作可控硅的触发角。

当触发角 $\alpha < 0°$ 或 $\alpha > 180°$ 时,可控硅承受反向电压,不具备导通条件;当 $150° < \alpha < 180°$ 时,没有任何两个可控硅可以同时导通,因此不会有输出电压,也就不会有电流。

可见实际可用的 α 角范围为 $0° < \alpha < 150°$（当 $\alpha > 90°$ 以后,应采用宽脉冲触发或双脉冲触发）。

图 1-3-4 所示的系统中,给定电压与测速装置的反馈电压相减,差值经调节器处理后,形成调压装置的晶闸管控制极的控制信号,以此控制图 1-3-6 中晶闸管的导通角,将恒定的三相交流电源改变为不同的可变交流电压加到电动机的定子上,实现电机的调压调速。

3. 闭环交流调压调速性能分析

从上面的分析可以看出,调压调速开环控制时,调速范围不大,但增加了测速反馈。形成闭环控制后,调速范围大大增加,同时可以实现无级调速,控制线路相对简单,经济性也较好。

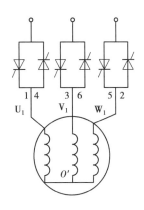

图 1-3-6　可控硅调压原理图

但是由于调压装置输出电压的改变是通过控制晶闸管的导通角来实现的,因此加到电机上的电压是非正弦的,尤其是低速时,定子电压要求较低,晶闸管导通角增大,加到定子上的电压严重变形,致使消耗于转子电路的功率很大,电机发热严重,寿命减短,效率较低。所以,大部分使用调压调速的电梯,在电机上都安装有风扇制冷装置。

(五)交流变压变频调速(VVVF)拖动技术

1. 交流变压变频调速原理

由电机学的知识可知,三相交流异步电机的同步转速的公式为:

$$n_0 = \frac{60f_1}{P} \qquad (1\text{-}3\text{-}2)$$

式中　f_1——电动机定子电源的频率;

　　　P——电动机的极对数。

由上式可知,要改变交流电动机转速,只需改变定子频率 f_1 即可。但是,在改变转速的同时,希望励磁电流和功率因数基本保持不变。磁通太弱,则没有充分利用铁芯,电机容许的输出转速下降,电机的功率得不到充分利用而浪费。若增大磁通,将引起磁路过分饱和而使励磁电流增加,功率因数降低,严重时会因绕组过热而损坏电机。

三相异步电动机定子每相感应电动势有效值为:

$$E_g = 4.44f_1N_1K_{N1}\Phi_m \qquad (1\text{-}3\text{-}3)$$

式中　E_g——定子每相感应电动势有效值;

　　　f_1——电动机定子电源的频率;

　　　N_1——定子每相绕组串联匝数;

　　　K_{N1}——基波绕组系数;

　　　Φ_m——每极气隙磁通量。

对于固定电机,N_1 和 K_{N1} 为常量。因此,要想在改变 f_1 的时候保持磁通 Φ_m 不变,只需同步地改变 E_g,使

$$\frac{E_g}{f_1} = 常数 \qquad (1\text{-}3\text{-}4)$$

然而,绕组中的感应电势 E_g 是难以直接控制的。当电势较高时,可以忽略定子绕组的漏

磁阻抗压降,此时定子相电压 $U_1 = E_g$,则

$$\frac{U_1}{f_1} = 常数 \tag{1-3-5}$$

在此条件下,Φ_m 基本恒定,即 U_1 与 f_1 成正比例函数。

但是,当频率较低时,U_1 和 E_g 都较小,定子绕组的漏磁阻抗压降不能忽略,此时可以简单地把电压适当抬高,以便近似地补偿定子压降,如图 1-3-7 所示。其中,a 线为不带定子压降补偿,b 线为带定子压降补偿,f_{1N} 为额定频率。

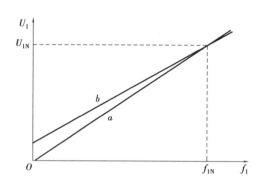

图 1-3-7　恒压频比控制特性

采取补偿措施后,异步电动机的机械特性不但保持了较硬的线性段,而且当频率降低时,同步转速随之下降,使在保证最大转矩基本不变情况下,取得类似直流电动机调速的平移特性曲线。这样,不但扩大了调速范围,而且在调速时,转差功率不变,所以效率很高。具有定子电压补偿的恒压频比控制方式被广泛采用。

实际上,电机定子频率 f_1 可以高于其额定频率 f_{1N}。但当 f_1 高于 f_{1N} 时,电压 U_1 无法增加得比额定电压 U_{1N} 更大,最多只能保持相等。由式(1-3-3)可知,当 $f_1 > f_{1N}$ 时,即 f_1 增大而 U_1 无法增大时,磁通 Φ_m 将与频率 f_1 成反比地降低。这时异步电动机的机械特性类似于直流电机的弱磁调速,频率升高转速加快,但转矩减小,功率近似不变,接近于恒功率调速。由于电梯属于恒转矩负载,因此变频调速电梯是不使用这部分机械特性的。

根据电力拖动原理,将 $f_1 \leqslant f_{1N}$ 情况下的变频调速称为"恒转矩调速",即电机的过载能力保持不变;而 $f_1 > f_{1N}$ 情况下的调速称为"恒功率调速"。

在电梯的变频调速系统中,电机的实际最大转速为其额定转速,因此,电梯的变频调速属"恒转矩调速"。

2. 电梯专用变频器工作原理

在电梯系统中,实现交流变压变频的装置,是变频器。目前比较流行的电梯变频器是四象限电梯变频器。

1)电梯专用变频器结构

变频器分为交-交和交-直-交两种形式。交-交变频器可将工频交流直接变换成频率、电压均可调的交流电,又称直接式变频器。而交-直-交变频器则是先把工频交流电通过整流器变成直流电,然后再把直流电变换成频率、电压均可调的交流电,又称为间接变频器。目前,四象限电梯变频器大都为电压型交-直-交变频器,其基本结构如图 1-3-8 所示。

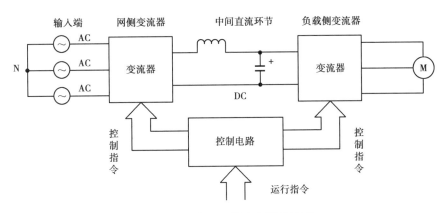

图 1-3-8　四象限电梯变频器结构图

（1）网侧变流器

网侧变流器既是整流器也是逆变器,最常见的结构原理是通过 6 个半导体主开关器件的通与断,可以得到任意频率的三相交流电输出。当变频器工作于整流状态时,它是整流器,把三相(也可以是单相)交流电整流成直流电;当变频器工作于能量回馈状态时,它是逆变器,把中间直流环节存储的电能回馈到电网。

（2）负载侧变流器

负载侧变流器和网侧变流器结构相同,只是它们的工作状态相反,即当网侧变流器工作于整流状态时,负载侧变流器为逆变状态;当网侧变流器工作于逆变状态时,负载侧变流器为整流状态。

（3）中间直流环节

变频器的负载为异步电动机,属于感性负载,无论电动机处于电动状态或发电状态,其功率因数总不会为 1。因此,在中间直流环节和电动机之间总会有无功功率的交换,这种无功能量要靠中间直流环节的储能元件(电容器或电抗器)来缓冲。所以,常常称中间直流环节为中间直流储能环节。

（4）控制电路

控制电路常由运算电路、检测电路、控制信号的输入、输出电路和驱动电路等构成。其主要任务是完成对逆变器的开关控制、对整流器的电压控制,以及完成各种保护功能等。控制方法可以采用模拟控制或数字控制。高性能的变频器目前已经采用微型计算机进行全数字控制,采用尽可能简单的硬件电路,主要靠软件来完成各种功能。由于软件的灵活性,数字控制方式常可以完成模拟控制方式难以完成的功能。

2）电梯专用变频器工作原理

当电机工作于电动状态时,网侧三相交流电经过网侧变流器整流成直流电后,进入中间直流环节滤波,滤波后的直流电再经过负载侧变流器逆变成电机运行所需要频率的三相交流电。在整个过程中,能量都是从电网侧输入,然后传送到电机端。

当电机制动进入发电状态时,能量在主电路的传输方向发生反转。电能由电机输出进入负载侧变流器整流,对中间直流环节上的电容器进行充电。随着充电过程的持续,电容两端电压不断上升,当电压上升超过一个阈值后,直流环节反向网侧变流器输出能量。在控制电路操控下,网侧变流器工作于逆变状态,向电网输出回馈电能。

电梯变频器要实现四象限运行,必须满足以下条件:

①网侧端需要采用可控变流器。当电机工作于能量回馈状态时,为了实现电能回馈电网,网侧变流器必须工作于逆变状态,不可控变流器不能实现逆变。

②直流母线电压要高于回馈阈值。变频器要向电网回馈能量,直流母线电压值一定要高于回馈阈值,只有这样才能够向电网输出电流。至于阈值设定为多少,则要根据电网电压和变频器耐压性能决定。

③回馈电压频率必须和电网电压频率相同。回馈过程中必须严格控制其输出电压频率和电网电压频率相同,避免浪涌冲击。

四、任务实施

教师指导学生,在教学模型梯上调整变频器的运行曲线参数,观察不同参数下电梯的启动、运行和制动特点。

五、任务评价

教师对学生变频器的操作以及观察分析,给予评价。

六、问题与思考

①简述交流双速电梯的调速原理。
②交流双速电梯电动机变极的方法有哪几种?
③简述双绕组 6/24 极变极调速的主电路、工作过程。
④简述调压调速的工作原理。
⑤简述变频调速的工作原理和控制原则。
⑥异步电动机 VVVF 调速机械特性如何?
⑦对电梯的快速性和舒适性要求有何具体规定?

七、拓展知识

对电梯性能主要是以下几个要求:

①安全性。电梯是主要以载人为主的交通工具,如果发生事故,将会造成人身伤害或者电梯设备的损坏。因此保证基本的人身安全尤为重要,这是电梯性能最基本、最重要的要求。

②快速性。电梯的快速性指乘客走进电梯到达指定楼层后离开电梯的这段时间。若时间越短,那么电梯的运行效率越高,即电梯的快速性越好。

③舒适性。电梯的舒适性主要体现在加速启动和减速制动两个过程中,特别是在电梯加速上升或是减速下降时乘客会有超重感,但是电梯减速上升或是加速下降会有失重感。这将严重降低乘客舒适感,严重的可能产生恶心、心脏剧烈跳动等不良反应。

电梯的快速性与舒适性之间往往存在矛盾和牵制,例如,为满足快速性要求,电梯的加速度越大越好,而若从舒适性角度来看,加速度又不能超过某一个限值,导致电梯运行的速度曲线必须符合一定规律,以保证电梯安全性和舒适性的前提下,尽可能缩短电梯的运行时间,提高电梯的运行效率。

在电梯启动过程中,为了提高电梯运行效率,人们总是希望电梯能在最短时间内启动完毕,并进入最大速度匀速运行。电梯理想的运行方式是按照电梯额定的速度运行,这样能够最大化缩短电梯的行程时间,提高加速度和加加速度的方式达到缩短电梯行程的目的。然而加速度和加加速度与电梯的受力息息相关,电梯上的乘客对电梯轿厢受力变化很敏感,如果电梯的速度和加速度变化太大,将引起乘客的不舒适感。

国家标准《电梯技术条件》(GB/T 10058—2009)中对电梯的加速度及加加速度都作了严格限制:第3.3.2条规定"乘客电梯启动加速度和制动减速度不应大于1.5 m/s²";第3.3.3条规定"当电梯额定速度为1.0 m/s < v_N < 2.0 m/s 时,其平均加、减速度不应小于0.5 m/s²;当电梯额定速度为2 m/s < v_N < 6 m/s 时,其平均加、减速度不应小于0.7 m/s²"。

加速度变化率要求:加速度变化率较大时,人的大脑会感到晕眩、痛苦,其影响比加速度还大,电梯行业一般限制加速度变化率系数不超过1.3 m/s³。

因此,必须综合考虑电梯运行的速度、行程、时间,合理设置速度、加速度和加加速度的值。根据《电梯乘运质量运行测量》(GB/T 24474—2009)标准,电梯速度曲线设置的数学表达式如下:

$$-v_r \leqslant v(t) \leqslant v_r \tag{1-3-6}$$

$$-1.5\ \text{m/s}^3 \leqslant a(t) \leqslant \frac{\mathrm{d}(v(t))}{\mathrm{d}t} \leqslant 1.5\ \text{m/s}^3 \tag{1-3-7}$$

$$-1.3\ \text{m/s}^3 \leqslant \rho(t) = \frac{\mathrm{d}(a(t))}{\mathrm{d}t} = \frac{\mathrm{d}^2(v(t))}{\mathrm{d}t} \leqslant 1.3\ \text{m/s}^3 \tag{1-3-8}$$

式中　v——电梯的运行速度;

　　　a——电梯的加速度;

　　　ρ——电梯的加加速度;

　　　v_r——电梯的额定速度。

下面介绍几种常用的电梯运行速度曲线。

(一)梯形速度曲线

梯形速度曲线分为加速上升、匀速运行和减速制动三个过程,其中加速以及减速过程中的加速度是常数值,匀速运行过程中加速度为零。电梯以最大的加速度完成加速和减速过程可以缩短电梯运行的时间,这样可以提高电梯的运行效率,但是梯形速度曲线的加速度具有非连续性。如图1-3-9所示,当电梯启动结束或者制动开始时,其加速度会发生突变,即加速度变化的瞬时值为无穷大,导致电梯的舒适度很差。因此,梯形速度曲线的效率很高,但是其舒适度较差,高性能电梯一般不采用梯形速度曲线。

电梯运行过程公式以及分析过程如下:

$$t_1 = \frac{v_m}{a_m} \tag{1-3-9}$$

$$H_1 = \frac{a_m t_1^2}{2} = \frac{v_m}{2a_m} \tag{1-3-10}$$

式中　a_m——电梯加速度最大值;

　　　v_m——电梯最大运行速度;

　　　t_1——速度从零加速到最大速度的加速时间;

　　　H_1——电梯加速行程。

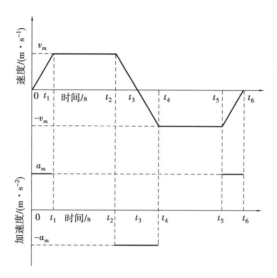

图 1-3-9　梯形速度曲线

当 $H > 2H_1 = \dfrac{2v_m}{a_m}$ 时,电梯的运行时间为 t,计算过程如下:

$$t = 2t_1 + \frac{(H - 2H_1)}{v_m} = \frac{v_m}{a_m} + \frac{H}{v_m} \tag{1-3-11}$$

其中,H 为电梯全过程的路程。

(二)S 速度曲线(抛物线形速度曲线)

电梯 S 速度曲线的加速和减速过程呈现抛物线形曲线变化。如图 1-3-10 所示,S 速度曲线与梯形曲线不同的是加速度不是恒定值,加速度 a 按照给定的恒定加加速度 ρ_m 从零增加到最大值 a_m,再以最大加速度 a_m 恒加速运行一段时间,之后加速度 a 按照给定的恒定加加速度 ρ_m 从最大值 a_m 减小到零,进入匀速运行阶段。电梯的减速阶段和加速阶段类似。当满足 $v_m \geqslant 2v_1 = \dfrac{a_m^2}{\rho_m}$ 时,各段关系分析如下:

(1)电梯匀变加速阶段(OA 段)的参数

$$\begin{cases} \rho = \rho_m \\ a = \rho t \\ v = \dfrac{1}{2}\rho t^2 \\ s = \displaystyle\int_0^1 v\mathrm{d}t = \dfrac{1}{6}\rho t^3 \end{cases} \tag{1-3-12}$$

电梯从启动时刻运行到 A 点的时间如下:

$$t_1 = \frac{a_m}{\rho_m} \tag{1-3-13}$$

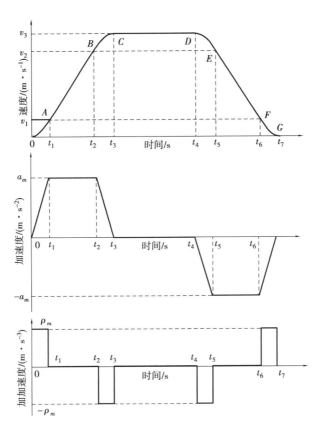

图 1-3-10　电梯 S 速度曲线

（2）电梯恒加速阶段（AB 段）的参数

$$\begin{cases} \rho = 0 \\ a = a_m \\ v = v_1 + a_m(t - t_1) \\ s = v_A(t - t_1) + \dfrac{1}{2}a_m(t - t_1)^2 + s_1 \end{cases} \qquad (1\text{-}3\text{-}14)$$

电梯从启动时刻运行到 B 点的时间如下：

$$t_2 = \frac{v_m}{a_m} \qquad (1\text{-}3\text{-}15)$$

（3）电梯匀变加速阶段（BC 段）的参数

$$\begin{cases} \rho = -\rho_m \\ a = a_m - \rho(t - t_2) \\ v = v_m - \dfrac{1}{2}\rho_m(t_2 - t)^2 \\ s = s_1 + s_2 - \dfrac{1}{6}(t_3 - t)^3 \end{cases} \qquad (1\text{-}3\text{-}16)$$

电梯从启动时刻运行到 C 点的时间如下：

$$t_3 = \frac{a_m}{\rho_m} + \frac{v_m}{a_m} \qquad (1\text{-}3\text{-}17)$$

对整个加速过程(OC 段)的分析与结论,可以由式(1-3-17)得出整个加速过程所用的时间 t_3。

由式(1-3-17)表明,t_3 是 ρ_m、a_m 及 v_m 的函数关系,电梯运行的加速时间 $t_3 \geqslant 2t_1$。当且仅当 $a_m^2 = \rho_m v_m$ 时,$t_3 = 2t_1$,此时加速曲线为"抛物线-抛物线",即加速过程只有变加速过程没有恒加速过程。为了改善电梯的舒适度,电梯的加速度 a_m 不能超过允许的最大值,这时若电梯运行速度 v_m 增加,则 ρ_m 必然会减小,导致抛物线运行时间 $2t_1$ 延长,这样电梯运行效率降低。

若保持 ρ_m 及 v_m 不变,以减小 a_m 的值来改善乘坐电梯的舒适度,由式(1-3-17)可推出抛物线加速时间缩短,由式(1-3-16)可推出直线加速时间变长,因此整个加速时间 t_3 的值基本不变。这表明减小加速度 a_m 在提高乘客乘坐电梯舒适度的要求时,也不影响电梯运行的效率,这是一种理想的电梯运行曲线。因此,"抛物线-直线-抛物线"运行曲线是一种更为符合电梯运行性能的速度曲线。

由图 1-3-10 可以推断出电梯启动和制动过程中,速度曲线和加速度曲线是连续变化的,但是其加加速度曲线却是非连续变化。当电梯由匀变加速段进入恒加速段或者恒加速段进入匀变加速段均存在加加速度 ρ 突变的现象,这将严重影响电梯的舒适度,电梯速度曲线决定了电梯系统的舒适度等重要指标。

(三)正弦速度曲线

乘客电梯常用的速度曲线是 S 速度曲线,尽管其速度曲线与加速度曲线是连续的,但是其加加速度 ρ 是突变量。因此在电梯启动与制动时刻,二次函数曲线与一次函数曲线过渡时刻都存在速度和加速度明显剧烈变化的现象,这样将严重恶化乘客乘坐电梯的舒适度。而某些特殊场合不允许出现速度剧变。图 1-3-11 所示是理想正弦速度曲线。由于正弦函数的特性,按照该曲线运行的电梯,除了电梯启动与停车时,速度有剧烈变化的现象,正弦函数曲线与一次函数过渡时刻不存在加加速度跳变的现象。显然,正弦速度曲线要比 S 速度曲线性能更加优良,乘客乘坐电梯的舒适度更好。

以下是电梯运行的标准正弦速度曲线参数,其运行过程可做如下分析:

速度: $\qquad\qquad\qquad v = A(1 - \cos(wt))$

电梯运行路程: $\qquad\qquad S = A\left(t - \frac{\sin(wt)}{w}\right)$

加速度: $\qquad\qquad\qquad a = Aw\sin(wt)$

加加速度: $\qquad\qquad\quad \rho = Aw^2\cos(wt)$

正弦曲线上升的时间之和为: $\qquad t_r = \dfrac{\pi}{w}$

电梯的加速过程和减速过程情况类似,因此只分析启动过程。正弦速度曲线的加速启动过程同样分为三个阶段,图 1-3-11 中,t_1、t_2、t_3、v_1、v_2、v_3 分别对应 A、B、C 点时间和电梯运行速度。电梯正弦速度曲线的分析与计算如下:

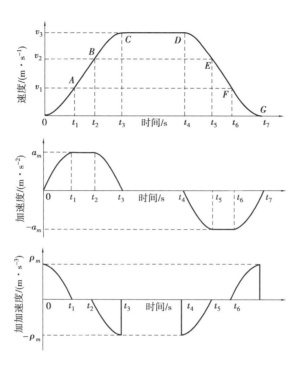

图 1-3-11　正弦速度曲线

（1）加速 OA 段（正弦曲线前半段）电梯运行的参数

$$\begin{cases} v = A(1 - \cos(\omega t)) \\ s = A\left(t - \dfrac{\sin(\omega t)}{\omega}\right) \\ \alpha = A\omega \sin(\omega t) \\ \rho = A\omega^2 \cos(\omega t) \end{cases} \qquad (1\text{-}3\text{-}18)$$

（2）加速 AB 段（直线）电梯运行的参数

$$\begin{cases} v = A + A\omega(t - t_1) \\ s = v_1(t - t_1) + 0.5 \times \alpha_m(t - t_1)^2 + s_1 \\ \alpha = \alpha_m = A\omega \\ \rho = 0 \end{cases} \qquad (1\text{-}3\text{-}19)$$

（3）加速 BC 段（正弦曲线后半段）电梯运行的参数

$$\begin{cases} v = v_m - A - A\cos(\omega(t - t_{12})) \\ s = \displaystyle\int_{t_2}^{t} v\,\mathrm{d}t + s_2 \\ \alpha = A\omega \sin(\omega(t - t_{12})) \\ \rho = A\omega^2 \cos(\omega(t - t_{12})) \end{cases} \qquad (1\text{-}3\text{-}20)$$

综上所述，三种常用的速度曲线各有优缺点，梯形速度曲线加速度为常数，设计简单、容易控制，但是加速度以及加加速度存在跳变，乘客乘坐电梯的舒适度较差。S 速度曲线的速度曲线与加速度曲线具有连续性，但其加加速度是跳变量，要对其进行限制。只有正弦速度曲线的速度、加速度以及加加速度均为连续变化，在电梯启动或是停止时，加加速度存在跳变现象。因此,正弦速度曲线更加符合乘客电梯的要求,但是设计比较复杂,在控制上较难实现。

由以上分析可以得出:若电梯运行曲线以及运行状态不同,那么电梯的运行效率和舒适度会存在一定的差异。其中,梯形速度曲线的升梯效率最高以及控制容易实现,但是其电梯的舒适度最差;其次,正弦速度曲线的舒适度最好,但是其控制复杂且效率较差,只有特殊场合的电梯才会采用正弦速度曲线;S速度兼顾了电梯的效率和舒适性,被广泛使用。

任务四　电梯的安全保护系统

一、任务目标

①掌握电梯电气安全保护系统各电气部件的原理和功能。
②理解电梯电气-机械联动保护系统的工作原理。
③理解电梯的供电及接地系统。

二、任务描述

电梯的安全保护系统,是电梯安全可靠运行的基础,也是电梯容易出故障的部分。学习和掌握电梯安全保护系统的工作原理和特性,能深刻理解电梯的控制原理。

本任务重点学习电梯的安全保护系统。

三、相关知识

(一)电梯可能发生的事故隐患和故障

(1)轿厢失控、超速运行

由于电磁制动器失灵,减速器中的蜗轮、蜗杆的轮齿、轴、销、键等折断以及曳引绳在曳引轮严重打滑等情况发生,那么正常的制动手段已无法使电梯停止运动,使轿厢失去控制,造成运行速度超过极限速度,即额定速度的115%。

(2)终端越位

由于平层控制电路出现故障,轿厢运行到顶层端站或底层端站时,不停车而继续运行或超出正常的平层位置。

(3)冲顶或蹲底

当上终端限位装置失灵等,造成电梯冲向井道顶部,称为冲顶。

当下终端限位装置失灵或电梯失控,造成电梯轿厢跌落井道底坑,称为蹲底。

(4)不安全运行

由于限速器失效、选层器失灵、层门、轿门不能关闭或关闭不严或超载、电动机断相、错相等状态下运行。

(5)非正常停止

控制电路出现故障,安全钳误动作或电梯停电等,都会造成在运行中的电梯突然停止。

(6)关门障碍

电梯在关门时,受到人或物体的阻碍,使门无法关闭。

（7）轿厢意外移动

电梯在平层位置停止,处于开门或者关门状态,由于制动力不足或者钢丝绳打滑等原因,轿厢会缓慢移动,容易造成剪切事故。

（二）电梯安全保护系统的基本组成

①超速(失控)保护装置:限速器、安全钳;

②超越上下极限工作位置的保护装置:包括强迫减速开关、终端限位开关、终端极限开关来达到强迫换速、切断控制电路、切断动力电源三级保护;

③撞底(与冲顶)保护装置:缓冲器;

④层门门锁与轿门电气联锁装置,确保门不关闭电梯不能运行;

⑤门的安全保护装置:层门、轿门设置门光电装置、门电子检测装置、门安全触板等;

⑥电梯不安全运行防止系统:如轿厢超载装置、限速器断绳开关、选层器断带开关等;

⑦不正常状态处理系统:机房曳引机的手动盘车、自备发电机以及轿厢安全窗、轿门手动开门设备等;

⑧供电系统断相、错相保护装置:相序保护继电器等;

⑨停电或电气系统发生故障时,轿厢慢速移动装置;

⑩报警装置:轿厢内与外联系的警铃、电话等;

⑪轿厢意外移动保护装置:监测电梯在平层位置时轿厢的位移。

综上所述,电梯安全保护系统中设置的安全保护装置,一般由机械安全装置和电气安全装置两大部分组成,但是有一些机械安全装置往往也需要电气方面的配合和联锁装置才能完成其动作和可靠的效果。

（三）电梯的安全保护装置的动作关联原则

图 1-4-1 简要表示了乘客电梯安全保护系统关联。

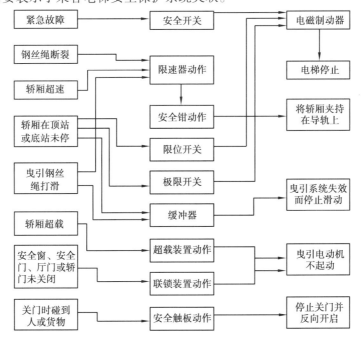

图 1-4-1　电梯安全保护系统关联图

图 1-4-2 表示了电梯安全保护装置系统的主要动作程序图。

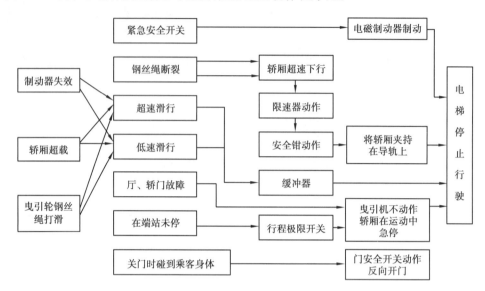

图 1-4-2 电梯安全保护系统主要动作程序

(四)电梯的主要安全保护部件

1. 限速器

限速器功能:反映并控制轿厢(对重)的实际运行速度,当速度达到极限时(超过允许值)能发出信号及产生机械动作,切断控制电路或迫使安全钳动作。

按国标《电梯制造与安装安全规范 第 1 部分:乘客电梯和载货电梯》(GB/T 7588.1—2020)的规定,限速器应满足以下的要求:作为电梯的超速和失控保护,限速器在动作前的响应时间应足够短,不允许在安全钳动作前达到危险的速度。

操纵轿厢安全钳的限速器的动作应发生在速度至少等于额定速度的 115% ,但应小于下列各值:

①对于除了不可脱落滚柱式以外的瞬时式安全钳,为 0.8 m/s;

②对于不可脱落滚柱式瞬时式安全钳,为 1.0 m/s;

③对于额定速度小于或等于 1.0 m/s 的渐进式安全钳,为 1.5 m/s;

④对于额定速度大于 1.0 m/s 的渐进式安全钳,为 $1.25 + 0.25/v$(m/s) 。

对重安全钳的限速器动作速度应大于上述值,但不得超过 10% 。

一般来说,限速器的动作速度与电梯额定速度的比例关系如下:低速电梯限速器的动作速度为额定速度的 140% ~170% ;快速电梯限速器的动作速度为额定速度的 135% 左右;高速电梯限速器的动作速度为额定速度的 120% ~130% 。也就是说,电梯的速度越高,允许其超过额定速度的百分比越小,这样才能起到安全保护作用。

对于额定速度大于 1 m/s 的电梯,当轿厢运行的速度达到限速器动作速度之前(约是限速器动作速度的90% ~95%),限速器或其他装置应借助超速开关迫使电梯曳引机停止运转。对于速度不大于 1 m/s 的电梯,其超速开关最迟在限速器达到动作速度时起作用;如电梯在可变电压或连续调速的情况下运行,则最迟当轿厢速度达到额定速度 115% 时,此电气安全装置(超速开关)应动作。

2. 安全钳

安全钳功能:当轿厢(对重)超速运行或出现突然情况时,能接受限速器操纵,以机械动作将轿厢强行制停在导轨上。

安全钳应能在下行方向动作,并且能使载有额定载质量的轿厢或对重(或平衡重)达到限速器动作速度时制停,或者在悬挂装置断裂的情况下,能夹紧导轨使轿厢、对重(或平衡重)保持停止。

电梯安全钳装置的动作是通过限速器动作使夹绳钳夹住限速器绳,随着轿厢向下运行,限速器绳提拉安全钳连杆机构,安全钳连杆机构动作,带动安全钳制动元件与导轨接触,使导轨两边的安全钳同时夹紧在导轨上,达到轿厢制停。同时,限速器和安全钳上配置的电气开关起作用,切断控制系统的安全回路,使电机停止运行。

3. 夹绳器

夹绳器功能:直接将制动力作用在曳引钢丝绳上,制停轿厢运行。

夹绳器的工作原理(图1-4-3)是采用钢丝绳制动方式,它一般安装在曳引轮和导向轮之间,并保证安装牢固可靠。当电梯出现上行超速并达到上行限速器动作速度设定时被触发。通过夹绳器夹持悬挂着的曳引钢丝绳使轿厢减速并制停。如果电梯有补偿绳,夹绳器也可以作用在补偿绳上。

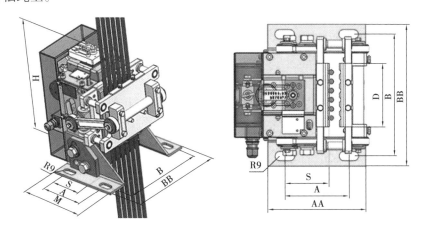

图1-4-3 夹绳器结构示意图

夹绳器可以实现机械触发或电气触发,触发信号均取自双向限速器上行机械动作或电气开关动作来实现,采用此种方式较为灵活,适合于旧梯改造。

由于夹绳器动作属瞬时性,非常粗暴,动作后对曳引钢丝绳损伤较大,同时夹绳机构也会有较大磨损,导致夹绳器使用寿命较短,故其使用在电梯界存在较多争议。

4. 缓冲器

功能:当轿厢(或对重)超过下极限位置时,用来吸收轿厢(或对重装置)所产生动能的制停安全装置。

位置:一般缓冲器均设置在底坑内,有的缓冲器装于轿厢或对重底部随之运行,因此在底坑内必须设置高度至少为0.5 m的支座。

缓冲器是一种吸收、消耗运动轿厢或对重的能量,并对其提供最后一道安全保护的电梯安全装置。

当电梯在向上或向下运动中,由于钢丝绳断裂、曳引摩擦力、抱闸制动力不足或控制系统失灵而超越终端层站底层时,撞在缓冲器上,并由缓冲器起缓冲作用,以避免电梯轿厢或对重直接撞底或冲顶,保护乘客和设备的安全。

当轿厢或对重失控竖直下落,具有相当大的动能,为尽可能减少和避免损失,就必须吸收和消耗轿厢(或对重)的能量,使其安全、减速停止在坑底。所以,缓冲器的原理就是使运动物体的动能转化为一种无害的或安全的能量形式。如果是刚性碰撞的情况,碰撞减速度和碰撞力趋于无限大。采用缓冲器将使运动着的轿厢或对重在一定的缓冲行程或时间内减速停止,即可以控制碰撞减速度和碰撞力在安全范围内。

缓冲器所保护的电梯速度是有限的,即不大于电梯限速器的动作速度。当超过此速度时,应由限速器操纵安全钳使轿厢制停。

缓冲器在底坑中一般设置两个或三个。正对轿厢缓冲头的两个为轿厢缓冲器(小轿厢可以用一个缓冲器)。正对对重缓冲头的一个为对重缓冲器。同一井道的两个或三个缓冲器,其规格应是一样的。

5.终端保护开关

功能:防止由于电梯电气系统失灵,轿厢到达顶层或底层后仍继续行驶(冲顶或蹲底)。

组成:由强迫减速开关、终端限位开关、终端极限开关等开关以及相应的碰板、碰轮和联动机构组成。

(1)一般强迫减速开关

强迫减速开关,是电梯失控有可能造成冲顶或蹲底时的第一道防线。强迫减速开关由上下两个开关组成,一般安装在井道的顶部和底部,如图1-4-4所示。当电梯失控,轿厢已到顶层或底层,而不能减速停车时,装在轿厢上的碰板与强迫减速开关的碰轮相接触,使接点发出指令信号,迫使电梯减速后停驶。

有的电梯把强迫减速开关安在选层器钢架上下两端。当电梯失控,轿厢到达顶层或底层而不能减速停车时,装在选层器动滑板的动触头与强迫减速开关接触,从而使轿厢换速并停驶。

(2)快速梯和高速梯用的端站强迫减速开关

这种装置包括两副用角铁制成、长约5 m,分别固定在轿厢导轨上下端站处的打板,以及固定在轿厢顶上,具有多组动开接点的特制开关装置两部分。

电梯运行时,设置在轿顶上的开关装置跟随轿厢上下运行,达到上下端站楼面之前,开关装置的橡皮滚轮左、右碰撞固定在轿厢导轨上的打板,橡皮滚轮通过传动机构分别推动预定触点组依次切断相应的控制电路,强迫电梯到达端站楼面之前提前减速,在超越端站楼面一定距离时就立即停靠。

(3)终端限位开关

终端限位开关由上、下两个开关组成,一般分别安装在井道顶部和底部,在强迫减速开关之后(图1-4-4),是电梯失控的第二道防线。当强迫减速开关未能使电梯减速停驶,轿厢越出顶层或底层位置后,上限位开关或下限位开关动作,迫使电梯停止运行。

终端限位开关动作而迫使电梯停驶后,电梯仍能应答层楼招呼信号,向相反方向继续运行。

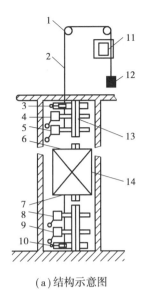

（a）结构示意图

（b）实物图-强迫减速和限位开关

（c）实物图-极限开关

图1-4-4 端站保护开关结构图及实物

1—导轨;2—钢丝绳;3—极限开关上碰轮;4—上限位开关;5—上强迫减速开关;6—上开关打板;

7—下开关打板;8—下强迫减速开关;9—下限位开关;10—极限开关下碰轮;

11—终端极限开关;12—张紧配重;13—导轨;14—轿厢

（4）终端极限开关

一般采用与强迫减速开关相同的限位开关,设置在终端限位开关之后的井道顶部或底部,用支架板固定在导轨上。当轿厢地坎超越上下端站20 mm,且轿厢或对重接触缓冲器之前动作。其动作是由装在轿厢上的碰板触动限位开关,切断安全回路电源或断开上行（或下行）主接触器,使曳引机停止转动,轿厢停止运行。

终端限位保护装置动作后,应由专职的维修人员检查,排除故障后方能投入运行。

按国标《电梯制造与安装安全规范　第1部分:乘客电梯和载货电梯》（GB/T 7588.1—2020）的规定,极限开关应满足以下要求:

极限开关应设置在尽可能接近端站时起作用而无误动作危险的位置。极限开关应在轿厢或对重（如果有）接触缓冲器之前或柱塞接触缓冲停止装置之前起作用,并在缓冲器被压缩期间或柱塞在缓冲停止区期间保持其动作状态。

对于曳引式电梯,极限开关的动作应由下列方式实现:

①直接利用处于井道顶部和底部的轿厢。

②利用与轿厢连接的装置,如钢丝绳、带或链条。该连接装置一旦断裂或松弛,符合标准规定的电气安全装置应使驱动主机停止运转。

6.停止装置

功能:在紧急情况下,切断电梯安全回路,确保电梯停止运行。

电梯应具有停止装置（图1-4-5）,用于停止电梯并使电梯保持在非服务状态,包括动力门。

停止装置应设置在底坑内、轿顶上、检修运行控制装置上、电梯驱动主机上,除非在1 m之内可直接操作主开关或其他停止装置、紧急和测试操作屏。停止装置上或其近旁应标明"停止"。

图 1-4-5 停止开关

电梯的轿顶检修箱有停止按钮,当电梯出现非正常运行时,可操作此按钮,紧急停车。轿顶上的停止装置,在距检查或维护人员入口不大于 1.0 m 的易接近的位置。该装置也可是距入口不大于 1.0 m 的检修运行控制装置上的停止装置。

机房控制柜附近也装有停止按钮,当电梯出现非正常运行时,可操作此按钮,紧急停车。

在电梯井道底坑内也设有电梯停止开关,以便维修人员在底坑检修电梯时停止电梯运行,以防出现误动作伤人。

7. 门锁

为防止有人从层门外将层门打开,在电梯的每一层门都装有只能从井道内或使用专门的钥匙从层门外开启的门锁装置。

当电梯正常运行时,层门上的锁闭装置(门锁)的启闭是由轿门通过门刀来带动的。

位置:机电联锁一套两件,分别装在层门内侧的门扇和门架上。

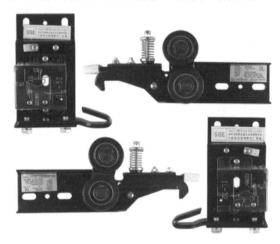

图 1-4-6 电梯门锁

门锁(图 1-4-6)主要由锁钩、锁挡、施力元件、滚轮、开锁门轮、电气安全触点组成。

①锁钩、锁挡组成锁闭效果,锁住门不被打开,啮合深度需达到 7 mm 以上,耐力在 1 000 N以上。

②施力元件用以开门后自动复位门锁,是复位装置(其失效时,重力也不得打开门锁)。

③滚轮和开锁门轮是开锁用的,电梯到站时,门电机通过一系列机械传动,最终用门刀带动滚轮和开锁门轮打开门锁,并拉动门打开。

④电气安全触电是验证锁钩、锁挡啮合是否达到 7 mm 以上的,一旦电气安全触电断开,电梯不得运行。

电梯在所有门没有全部关闭时运行,是最危险的动作,必须坚决杜绝。因此,一定要对电梯所有门的关闭与否状态进行准确的检测。为此,电梯中的轿门和每扇厅门都装有一个门锁开关,只有在该门完全闭合时,门锁开关才接通。所有这些门锁开关串接起来构成一个门锁回路,只有当门锁回路全部通时,才允许电梯运行。轿门的门锁开关装在轿门的上方,而厅门的门锁开关装在每扇厅门的上方。需要说明的是,这些门锁开关必须都是安全触点。

8.张紧装置

功能:使限速器绳张紧以保证正确地传动限速器。

组成:包括钢丝绳(限速绳)、张紧轮、重锤(砣)、支架以及断绳开关等。

限速器安装在机房,限速器绳两端通过限速器绳轮和设在底坑的张紧轮,与安装在轿厢架上的安全钳拉臂连接在一起,轿厢的运行速度通过限速器绳传递给限速器绳轮。为了保证限速器绳与限速器绳轮间有足够的摩擦力,以准确反映轿厢运行速度,在井道底坑设有张紧装置,如图1-4-7所示。

图 1-4-7　电梯限速器张紧装置

张紧装置由支架、张紧轮和重锤(砣)组成,由安装在导轨上的杠杆限位导向,以防止限速器绳扭转、张紧装置摆动。为了补偿限速器绳在工作中的伸长,张紧装置能在杠杆导向下做上下浮动,同时为了防止限速器绳过分伸长使张紧装置碰到地面而失效,张紧装置底部距底坑应有合适的高度,一般低速电梯为(400±50)mm,快速电梯为(550±50)mm,高速电梯为(750±50)mm。张紧轮安装在张紧装置支架轴上,可以灵活地转动。调整重砣的数量,可以调整限速器绳的张力。要求限速器绳的拉力为:限速器动作时,限速器绳的拉力应不小于安全钳起作用时所需力的两倍,且不小于300 N。张紧装置的侧面装有断绳保护开关,若限速器绳折断或绳头脱落,张紧装置向下落,张紧轮开关切断电梯控制电路,防止电梯在没有安全钳保护下行驶。当限速器动作,夹绳钳压住限速器绳时,轿厢继续向下运行,把限速器绳向上拉,张紧装置支架被上提,张紧轮开关切断电梯控制电路,使电梯在安全钳未动作前即可断电。

9.近门保护装置

功能:当轿厢出入口有乘客或障碍物(但未触门)时,通过电子元件或其他元件发出信号,使门停止关闭或关闭过程中立即返回开启位置的安全装置。

种类:安全触板装置、光电式保护装置等。

(1)安全触板装置

安全触板装置如图1-4-8所示,它由触板、控制杆和微动开关组成。正常时,触板在自重的作用下,凸出门扇30 mm左右。当门在关闭中碰到人和物时,触板被推入,使控制杆转动,这时上控制杆端部的凸轮压下微动开关触头,使门电动机迅速反转,门就重新开启。

一般中分式门的安全触板安装在两侧,旁开式门安装在单侧,且装在快门上。

(2)光电式保护装置(光幕)

电梯光幕(图1-4-9)是一种光线式电梯门安全保护装置,适用于客梯、货梯,它保护乘客的安全。它由安装在电梯轿门两侧的红外发射器和接收器、安装在轿顶的电源盒及专用柔性电缆四大部分组成。

光幕发射端内有若干个红外发射管。在MCU的控制下,发射接收管依次打开,一个发射头发射出的光线被多个接受头接收,形成多路扫描。通过这种自上而下连续扫描轿门区域,

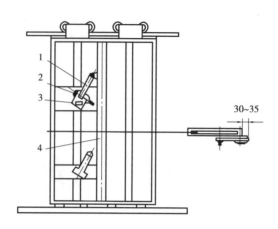

图 1-4-8 机械式安全触板

1—控制杆;2—限位螺钉;3—微动开关;4—门触板

形成一个密集的红外线保护光幕。当其中任何一束光线被阻挡时,由于无法实现光电转化,光幕判断有遮挡,因此输出一个中断信号。这个中断信号可以是开关量的信号,也可以是高低电平的信号。控制系统接到光幕给的信号后,立即输出开门信号,轿门即停止关闭并反转开启,直至乘客或阻挡物离开警戒区域后电梯门方可正常关闭,从而达到安全保护目的,这样可避免电梯夹人事故的发生。

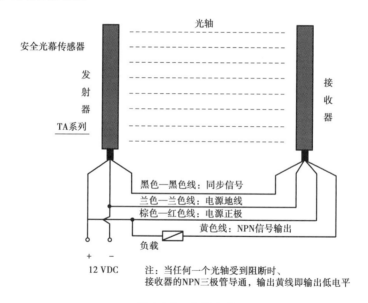

图 1-4-9 电梯光幕

用安全光幕检测物体(比如手)进入的测试结构中,光幕的一边等间距安装有多个红外发射管,另一边相应的有相同数量同样排列的红外接收管,每一个红外发射管都对应有一个相应的红外接收管,且安装在同一条直线上。当同一条直线上的红外发射管、红外接收管之间没有障碍物时,红外发射管发出的调制信号(光信号)能顺利到达红外接收管。红外接收管接收到调制信号后,相应的内部电路输出低电平,而在有障碍物的情况下,红外发射管发出的调制信号(光信号)不能顺利到达红外接收管,这时该红外接收管接收不到调制信号,相应的内部电路输出为高电平。当光幕中没有物体通过时,所有红外发射管发出的调制信号(光信号)

都能顺利到达另一侧的相应红外接收管,从而使内部电路全部输出低电平。这样,通过对内部电路状态进行分析就可以检测到物体存在与否的信息。

10. 其他电气保护部件

(1)安全窗开关

轿顶上装有安全窗,当遇到紧急情况时,可打开安全窗,将轿内乘客救出。安全窗开关装在安全窗上,当安全窗打开时,开关就断开。

(2)上行超速保护开关

它一般和限速器装在一起,当电梯上行超速时,该开关动作,断开安全回路。

(3)盘车装置就位检测开关

它通常装在机房盘车装置就位的地方,只有盘车装置放置到固定的位置时,该开关才能接通,否则,该开关断开,安全回路也就不能接通。

(4)称重装置

它一般装在轿底,检测轿厢乘客的质量,是一个必备的安全保护装置。电梯在自动状态时,如果轿内的负载超过额定负载的80%时,电梯就认定为满载状态,此时电梯将不响应其他厅外呼叫信号,只响应轿内呼叫信号。如果轿内的负载超过额定负载的110%时,电梯就不能关门,当然也不能起动,并且超载蜂鸣器鸣响。如配有超载灯,超载灯也点亮。

(五)电梯的机械－电气联动保护装置

电梯安全保护系统中设置的安全保护装置,一般由机械安全装置和电气安全装置两大部分组成,但是有一些机械安全装置往往也需要电气方面的配合和联锁装置才能完成其动作和可靠的效果。

1. 限速器-安全钳联动系统

安全钳是一种使轿厢(或对重)停止运动的机械装置。凡是由钢丝绳或链条悬挂的载人轿厢,均需设置安全钳。当底坑下有过人的通道或空间时,对重也需设置安全钳。安全钳设在轿厢架下横梁上,并成对地同时作用在导轨上。

限速器是一种限制轿厢(或对重)速度的装置,通常安装在机房内或井道顶部。限速器张紧装置置于底坑内。

安全钳和限速器必须联合动作才能起作用。

限速器和安全钳联动的动作机理如图1-4-10所示。

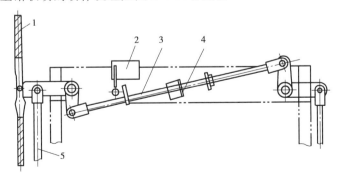

图1-4-10 限速器和安全钳联动的动作机理图

1—限速器钢丝绳;2—安全开关;3—连杆;4—复位弹簧;5—提拉杆

限速器通过钢丝绳与安装在轿厢两侧的安全钳拉杆相连。为了保证限速器的速度反应准确,在井道底坑设有限速器张紧装置。电梯运行时,钢丝绳将电梯的垂直运动转化为限速器的旋转运动。当限速器的旋转速度超过极限值时,限速器就先使超速开关动作切断电梯控制回路电源,使电磁制动器失电制动。制动失灵时如果电梯下行,限速器将卡住钢丝绳,迫使安全钳动作,将电梯强制停在导轨上。为了防止出现曳引机继续旋转,专门设置了安全钳开关。安全钳动作时,其开关动作并切断控制回路。

当出现故障时,限速器与安全钳的动作程序分解如图1-4-11所示。

由于电梯速度不同,通过限速器使电梯停止的操动程序也有所不同。根据国家标准《电梯制造与安装安全规范 第1部分:乘客电梯和载货电梯》(GB/T 7588.1—2020)的规定,当电梯额定速度为1.0 m/s或以下时,允许在限速器动作操纵安全钳的同时打开急停回路(即限速器动作1和2同时发生)。当电梯额定速度超过1 m/s时,限速器应首先打开急停回路(即动作1,超速在额定速度的115%以下)使电梯急停;如果此动作未能使电梯减速并且超速达到规定值时,则限速器直接操纵安全钳(即动作2),使轿厢停止并夹持在导轨上。对重安全钳的限速器动作速度应大于轿厢安全钳的限速器动作速度,但不得超过10%。

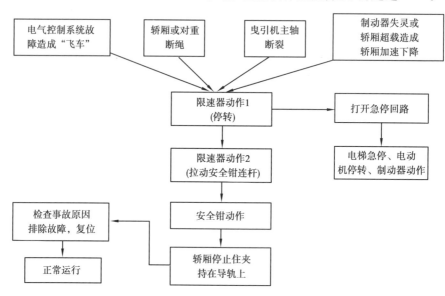

图1-4-11 限速器与安全钳联动程序分解

2.上行超速保护装置

轿厢上行超速保护装置是防止轿厢冲顶的安全保护装置,是对电梯安全保护系统的进一步完善。因为轿厢上行冲顶的危险是存在的,在对重侧的重力大于轿厢侧重力时,一旦制动器失效或曳引电机齿轮、键、轴、销等发生折断,造成曳引轮与制动器脱开,或由于曳引轮绳槽磨损严重,造成曳引绳在曳引轮上打滑,这些都可能造成轿厢冲顶事故的发生。因此国标《电梯制造与安装安全规范 第1部分:乘客电梯和载货电梯》(GB/T 7588.1—2020)规定,曳引驱动电梯应装设上行超速保护装置。该装置包括速度监控和减速元件,应能检测出上行轿厢的失控速度,当轿厢速度大于等于电梯额定速度的115%时,应能使轿厢制停,或至少使其速度下降到对重缓冲器的设计范围;该装置应该作用于轿厢、对重、钢丝绳系统(悬挂绳或补偿绳)或曳引轮上。而该装置动作时,应使电气安全装置动作,使控制电路失电,电机停止运转,制动器动作。

轿厢上行超速保护装置按其制停和减速装置所作用的不同位置,可以分为安装在轿厢、对重、钢丝绳、曳引轮上等四种实施方式。目前常见的速度监控装置有轿厢上行限速器、对重限速器、双向限速器等。

轿厢上行超速保护装置目前使用的方式如下:

(1)双向限速器和双向安全钳或上行安全钳制停(减速)轿厢

该方式一般采用双向限速器进行速度监控,当超速后启动双向安全钳动作,或仅启动上行安全钳。又以双向安全钳使用得较多,是目前较为成熟有效的方式,为有齿轮曳引机较为理想的方案。

(2)对重限速器和安全钳方式

作为上行超速保护装置的限速器和安全钳系统,只要将对重减速到对重缓冲器能承受的设计范围内即可。所以上行超速保护装置的限速器和安全钳系统的制动力比对重下方有人可到达空间的限速器安全钳制动力要求低。上行超速保护装置的限速器和安全钳也必须有一个电气安全装置在其动作前动作,首先切断电源,制动器工作,电机停转。

(3)钢丝绳制动方式

此种方式是采用夹绳器,一般将夹绳器安装在曳引轮和导向轮之间,通过夹绳器夹持悬挂着的曳引钢丝绳使轿厢减速,如果有补偿绳也可作用在补偿绳上。夹绳器可以采用机械或电气方式触发。机械触发(配用双向机械动作限速器),配用的限速器均应保证有足够安全的机械力和行程裕量来动作钢丝绳制动器。电气触发式钢丝绳制动器(配用单向机械动作双电气触点限速器)也应保证有足够安全的电磁铁力和行程裕量来动作钢丝绳制动器。

(4)采用制动器方式

此方式只适用于无齿轮曳引机驱动的电梯,而且制动器必须是安全型制动器,符合《电梯制造与安装安全规范　第1部分:乘客电梯和载货电梯》(GB/T 7588.1—2020)。它是将无齿轮曳引机制动器作为减速装置,减速信号一般由限速器的上行安全开关动作时实现电气触发。这种方案是最为理想的无齿轮曳引机上行超速保护装置(图1-4-12)。

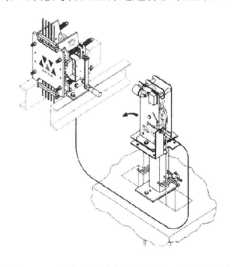

图1-4-12　限速器-夹绳器上行超速保护装置

3. 轿厢意外移动保护装置

近几年,电梯在开门状态下发生轿厢突然移动而引起的事故频发。因此,国标《电梯制造与安装安全规范 第1部分:乘客电梯和载货电梯》(GB/T 7588.1—2020)规定在层门未被锁住且轿门未关闭的情况下,由于轿厢安全运行所依赖的驱动主机或驱动控制系统的任何单一失效引起轿厢离开层站的意外移动,电梯应具有防止该移动或使移动停止的装置。

具有电梯再平层功能的电梯,在平层、再平层时,其制停部件符合《电梯制造与安装安全规范 第1部分:乘客电梯和载货电梯》(GB/T 7588.1—2020)规定的驱动主机制动器,不需要检测轿厢的意外移动。

该装置应能够检测到轿厢的意外移动,并应制停轿厢且使其保持停止状态。轿厢意外移动制停时由于曳引条件造成的任何滑动,均应在计算和(或)验证制停距离时予以考虑。

该装置的制停部件应作用在:轿厢;对重;钢丝绳系统(悬挂钢丝绳或补偿绳);曳引轮;只有两个支撑的曳引轮轴上。

该装置应在下列距离内制停轿厢(图1-4-13):

①与检测到轿厢意外移动的层站的距离不大于1.20 m。

②层门地坎与轿厢护脚板最低部分之间的垂直距离不大于0.20 m。

③按《电梯制造与安装安全规范》中5.2.5.2.3设置井道围壁时,轿厢地坎与面对轿厢入口的井道壁最低部分之间的距离不大于0.20 m。

④轿厢地坎与层门门楣之间或层门地坎与轿厢门楣之间的垂直距离不小于1.00 m。轿厢载有不超过100%额定载质量的任何载荷,在平层位置从静止开始移动的情况下,均应满足上述值。

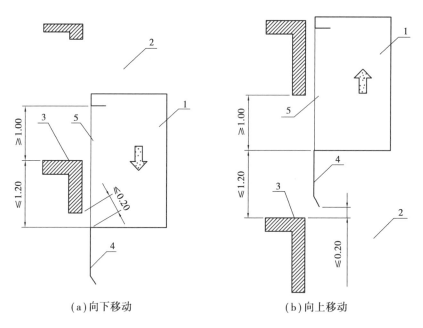

(a)向下移动   (b)向上移动

图1-4-13 轿厢意外移动时的制停距离
1—轿厢;2—井道;3—层站;4—轿厢护脚板;5—轿厢入口

四、任务实施

学生在教师的指导下,完成表1-4-1。

表1-4-1　实施评价表

序号	名称	作用	安装位置
1	限速器		
2	安全钳		
3	轿厢上行超速保护装置		
4	张紧装置		
5	缓冲器		
6	急停开关		
7	相序继电器		

五、任务评价

任务完成后,由教师对本任务的完成情况进行评价,记录到表1-4-2中。

表1-4-2　评价记录表

序号	内容	分值	评价标准	得分	备注
1	电气部件的作用、安装位置描述正确	60	没有找到指定部件,扣5分/个;作用回答错误,扣5分/个;安装位置回答错误,扣5分/个。扣完为止		
2	安全意识及操作规范	40	未按照要求进行安全操作,扣10分/次;扣完为止。		
	得分合计		教师签名		

六、问题与思考

①电梯系统中,描述至少5种电梯安全部件的名称、功能与安装位置。
②简述限速器-安全钳联动的动作过程。
③简述轿厢意外移动保护装置的功能和主要组成部分。

七、拓展知识

随着我国经济的迅猛发展,电梯已经成为当代人们必不可少的交通工具,而随着电梯数量的日益增加,安全问题也成为人们关注的焦点,特别是近些年由于电梯在开门状态下轿厢的无指令移动而引发的事故比比皆是。为防止此类事故发生,《电梯制造与安装安全规范第1部分:乘客电梯和载货电梯》(GB/T 7588—2020)第1号修改单新增"电梯应具有防止该移动或使移动停止的装置",即轿厢意外移动保护装置。其主要功能是为了防止电梯位于平层区域内、层门和轿门开启状态下乘客出入轿厢过程中由于各种原因造成的轿厢无指令的意外移动而导致剪切等事故的发生。

一般而言,典型的轿厢意外移动保护装置,有 3 个子系统:检测子系统、制停子系统以及自监测子系统组成,如图 1-4-14 所示。

①常见的检测子系统分为 3 大类:位置开关、限速器和绝对位置传感器。

位置开关子系统主要由传感器、控制回路/控制器、输出回路 3 个部分组成,其功能是实现最迟在轿厢离开开锁区域前,检测轿厢的意外移动。

限速器子系统主要由带有电磁模块和电磁模块打杆的限速器组成,其功能是实现电梯在开锁区域内正常停靠且开门状态下,检测轿厢的意外移动。

使用绝对位置传感器作为轿厢意外移动保护装置的检测子系统时,常见的传感器有两种,分别是安装在驱动主机或者限速器上的绝对值编码器和安装在井道中的绝对位置传感器。

其工作原理是由绝对位置传感器实时监测轿厢位置,当轿厢在平层区域内平层并且层门和轿门开启的状态下,轿厢发生无指令的意外移动时,控制系统使轿厢意外移动保护装置动作,制停轿厢。

②制停子系统主要功能是在接收到检测子系统的信号后,触发执行机构制停轿厢。常见的制停部件主要有以下几种:作用于轿厢或者对重,如轿厢(对重)安全钳;双向安全钳;夹轨器等。作用于悬挂绳或者补偿绳系统上,如钢丝绳制动器。作用于曳引轮或者只有两个支撑的曳引轮轴上,如永磁同步曳引机的块式制动器、盘式制动器、钳盘式制动器等。

③自监测子系统是实时监测电梯制动力的动作状态和制动力的大小,当制动力异常时,发出报警信息,电梯停止运行。

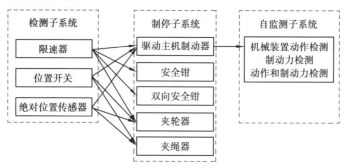

图 1-4-14　轿厢意外移动保护装置组成

下面介绍几种常见的轿厢意外移动保护装置。

(一)一种基于改进限速器和双向安全钳的轿厢意外移动保护装置

该装置采用双向安全钳和双向限速器,另设计配置一套联动的电磁铁释放 / 制动装置,工作原理如下:

电梯轿厢上、下运行时,双向限速器电磁装置释放,如检测到上行超速或下行超速时则制停限速器轮,限速器钢丝绳带动双向安全钳拉杆,触发安全钳楔块夹紧导轨,从而制停电梯轿厢。

电梯平层或本应静止时,双向限速器电磁装置制动,如有非设定的轿厢意外移动发生,限速器钢丝绳带动双向安全钳拉杆,触发安全钳楔块夹紧导轨,从而制停电梯轿厢。对具有提前开门功能或再平层功能的电梯,可以在电磁铁电路中增加延时继电器来实现轿厢意外移动的保护。

1. 改进的限速器

当电梯平层开门时,在限速器上加装的电磁铁要能使限速器轮处于预停止状态;电梯正常运行时,该电磁铁不能影响限速器功能;电梯正常运行或通电停运时,电磁铁处于通电状态,必须确保持续通电且不能升温损毁。

在现有限速器的基础上增加一套电磁铁机构,既可以触发限速器动作,也可以在动作后复位,如图 1-4-15 所示。电梯正常运行时,附加电磁铁机构释放,不影响限速器绳轮各机构的正常工作;电梯上行或下行超速时,限速器通过原有限速机构联动制停电梯轿厢;电梯发生如开门时移动、平层时移动等意外移动时,附加电磁铁结构吸合,触发夹绳机构,提拉安全钳拉杆,将轿厢制停在导轨上,问题解决后,可自动复位继续运行。

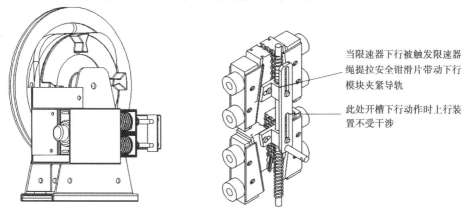

当限速器下行被触发限速器绳提拉安全钳滑片带动下行模块夹紧导轨

此处开槽下行动作时上行装置不受干涉

图 1-4-15 增加电磁铁机构的限速器　　　图 1-4-16 改进的双向安全钳

2. 改进的双向安全钳

国内电梯上行超速保护的执行机构普遍为夹绳器,而夹绳器的缺点是只适用于有机房电梯,实施保护动作后需要人工复位且易对曳引绳造成伤害,故采用双向安全钳并进行上下行保护更具优势,但目前电梯使用的双向安全钳不多,且机构复杂,成本较高。

改进的双向安全钳,在不改变现有双向安全钳整体结构的情况下,在双向安全钳钳体底部加工一条滑槽,增加一块滑板,通过滑板上的双向腰孔控制安全钳上下楔块,确保下行楔块制动时上行楔块保持复位状态,而上行楔块制动时下行楔块保持复位状态,实现双向保护功能,如图 1-4-16 所示。

电梯正常上下运行时,扭杆使滑块保持不动,上下楔块保持复位状态,不影响电梯正常工作;电梯下行超速时,限速器动作,限速器钢丝绳向上提拉扭杆,扭杆推动滑板使下行楔块制动制停电梯轿厢;电梯上行超速时,限速器动作,限速器钢丝绳向下提拉扭杆,扭杆推动滑板使上行楔块制动制停电梯轿厢。

该轿厢意外移动保护装置可以实现防止轿厢意外移动和上、下行超速功能。双向安全钳上行、下行两个方向触发动作后均可由胜任人员使其释放,与无机房限速器配套使用,可以用于无机房电梯,且结构紧凑,成本合理,安装维护方便。

（二）默纳克轿厢意外移动保护装置的解决方案

1. 驱动主机制动器作为轿厢意外移动保护装置制停部件的解决方案

检测部件是 SCB-A1,如图 1-4-17 所示。

（a）实物图

端子名称		端口说明
1 24 V		电源+
2 COM		电源-
3 FL1		上门区信号
4 FL2		下门区信号
5 SY		封门输入
6 SX1		门区输出
7 SX2		封门输出反馈输出
9/10	SO1、SO2	门锁回路短接端子

（b）端子结构

图 1-4-17　默纳克 SCB-A1

①首先,开通提前开门、再平层功能。

②在提前开门或再平层状态下,如果再平层感应器脱离门区,SCB－A1 断开门锁短接,切断制动器电源,制动器动作,使轿厢停止。

工作原理图如图 1-4-18 所示。当 SCB-A1 开始工作上电时,继电器 KM1 将工作,其相应触点动作;当电梯运行且检测到上门区信号(FL1)有效的时候,继电器 KM2 工作,其相应触点动作;检测到下门区信号(FL2)有效时,继电器 KM3 工作,其相应触点动作;当 KM2 与 KM3 触点同时动作,导致 SX1 信号有效,由图 1-4-16 可以 看出与 SX1 相连的主板(MCB)门区输入(X2)信号有效,当主板(MCB)检测到该信号时,主板（MCB）接触器 Y5 将输出信号,导致与其相连的模块板 SY 得到信号,继电器 KM4 工作,其相应触点动作。此时,KM2、KM3、KM4 同时动作,KM1 停止工作,SX2 信号有效。S01 与 S02 门锁回路短接端子间将形成通路状态,将门锁封线,同时实现上述功能。

2. 附加制动器作为轿厢意外移动保护装置制停部件的解决方案

检测部件是 SCB-C,如图 1-4-19 所示。

①上、下平层感应器除接入主板外,也需要接入 SCB-C 模块。

②轿门锁需要增加门锁辅助触点,此触点接入 SCB-C 模块上任一组 S05/S06 上。

③开通提前预开门、再平层功能。

④轿厢意外移动时,SCB-C 模块采集轿厢位置及门锁状态,通过安全逻辑判断是否输出

附加制动器保护。

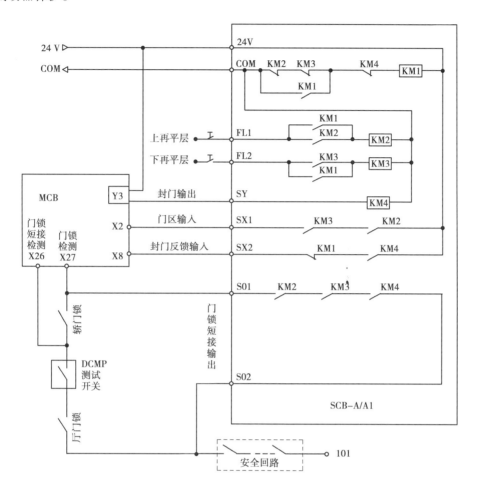

图 1-4-18　驱动主机制动器作为轿厢意外移动保护装置制停部件的工作原理图

图 1-4-19　默纳克 SCB-C

　　工作原理图如图 1-4-20 所示。其工作原理与驱动主机制动器作为轿厢意外移动保护装置制停部件的解决方案类似。

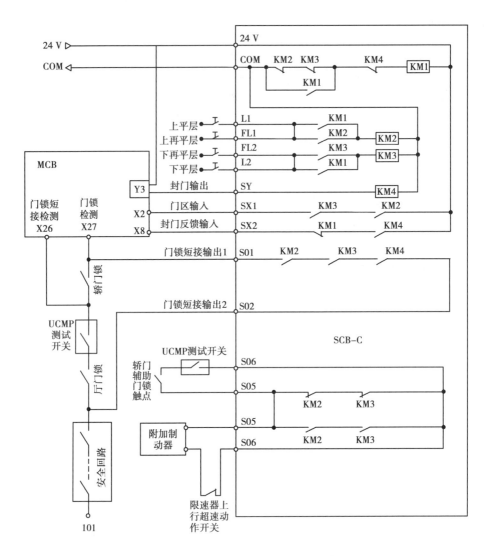

图 1-4-20　附加制动器作为轿厢意外移动保护装置制停部件的工作原理图

任务五　电梯的运行控制系统

一、任务目标

①掌握电梯运行模块的功能和原理。
②理解电梯运行控制系统的组成模块。

二、任务描述

本任务要求学习和掌握电梯运行控制系统的工作原理和特性,能深刻理解电梯的控制原理,提高电梯调试和维护技能。同时,本任务根据系统功能,将整个控制系统进行模块化处理,有助于学生掌握对电梯的基本功能和特殊功能。

三、相关知识

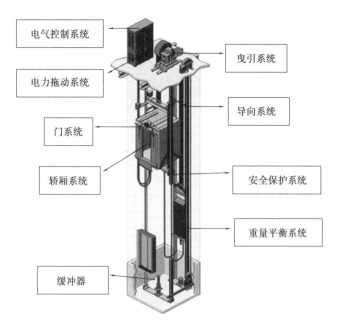

图 1-5-1　电梯电气系统组成

电梯控制系统如图 1-5-1 所示,基本可分为三大部分:

(1)电力驱动系统

功能:提供动力,实行电梯速度控制。

组成:供电系统、曳引电动机、速度反馈装置、调速装置、称重装置等。

(2)电气逻辑控制系统

功能:对电梯的运行实行控制与操纵。

组成:机房子系统、层站子系统、轿厢子系统、井道子系统、门机子系统。这些系统包含电梯主控器、操纵装置、位置方向显示装置、平层装置等。

(3)安全保护系统

功能:保证电梯安全使用,防止一切危及人身安全的事故发生。

组成:机械安全部件的开关、端站限位开关、急停开关、安全触板等。

电梯电气控制的核心是电梯主控制器,其他器件都是起执行或检测功能,电梯主控制器决定电梯是否运行及如何运行。

(一)电梯运行控制系统的模块化分类

根据电梯控制功能,可以将电梯控制系统分为若干个功能模块,便于对整个控制系统的理解。下面以新时代电梯控制系统为例,分功能模块讲解电梯的电气控制系统。

1. 主回路

主回路实际上主要给出了曳引电动机供电回路的情况,同时也给出控制系统和驱动系统的连接内容。图 1-5-2 是驱动系统为目前最常用的变频器的主回路接线图。

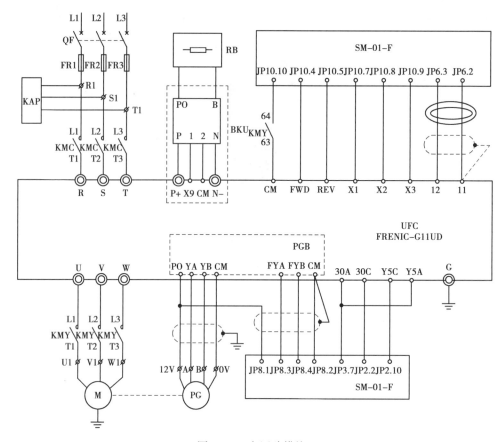

图 1-5-2 主回路模块

M 为曳引电动机,KMC 和 KMY 是控制电动机供电的两个主接触器。这两个主接触器的触点有的厂家是 KMC 连接在主电源断路器和变频器之间,KMY 连接在变频器和电动机之间;有的厂家是 KMC 和 KMY 的触点都连接在变频器和电动机之间,直接控制电动机的供电回路。这两个接触器同时在电梯运行时吸合、停车时释放。这里用了两个接触器是因为 GB/T 7588.1—2020 第 5.9.2.5 条款中,规定要有两个独立的接触器切断电动机电源。需要说明的是:在有的控制系统中,只有一个 KMY 接触器。但此时必须要有一个前提,就是系统中具有在每次电梯停车时检验电流流动阻断情况的监控装置,并且还有用来阻断静态元件中电流流动的控制装置。还有的系统中,把 KMC 触点移到变频器的前面,但此时,KMC 不能作为标准中规定的两个独立的接触器之一。因为在变频器前面的接触器,不可以频繁吸合、释放(但有预充电回路的系统例外)。

PG 是编码器。编码器脉冲信号首先输入变频器,变频器还将脉冲信号输出到控制系统。图 1-5-2 中的 UFC 框内代表变频器,SM-01-F 代表主控制器。

变频器给主控制器的信号有:变频器故障信号和变频器运行信号。而主控制器给变频器的控制信号有:上下行命令、电梯的段速命令(图中是 X1,X2,X3 三个信号经二进制数编码后,可形成七个段速命令)和模拟量速度指令信号。模拟量速度指令和段速指令不能同时使用。

同步电机封星电路的示意图,如图 1-5-3 所示。

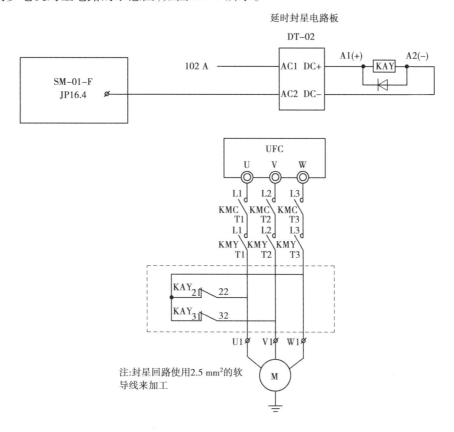

图 1-5-3 同步电机的封星电路

在图 1-5-3 的下方的一个回路示意图中:KAY 是封星接触器,KMC、KMY 是主接触器,UFC 是变频器。从图中可看出,电梯运行时,KMY 吸合,因为 KAY 是一个常闭接触器,它也必须吸合,使封星回路断开,否则变频器的输出会短路。电梯停下时,KMY 触点断开,KAY 也失电,封星回路接通,也就是马达线圈回路接通。在马达还在继续运转的情况下,线圈切割永磁的磁路后,在线圈中产生电流,该电流能产生阻止电机继续运转的力,从而达到加快电机制动过程或使电机不能超出某一速度溜车的效应,这也是封星回路的基本作用。图的上方的一个回路示意图中:SM-01 是控制主板,它控制 KAY 的线圈是否通电,DT-02 是封星电路延时控制电路板。该电路的作用是:当电梯急停时,特别是由于紧急停电而急停时,延迟 KAY 的失电。如果没有这个延迟电路,KAY 的触点和电机都由于电流太大而造成损伤。

2.电源回路

电源回路提供控制系统的各路控制电源。图 1-5-4 给出了一种典型的电源回路。图中 TCO 是电源变压器,将 380 V 电源转换成各组所需的控制交流电源。UR1 和 UR2 是镇流桥堆,用来将交流电源转换成直流电源。FU1 和 FU3 是保险丝,用来防护电源回路。KAS 是安全回路继电器,安全回路断开时,某些控制电源,主要是驱动主回路接触器及抱闸的电源等被切断。TSF 是将 AC 220 V 变到 AC 36 V 的安全照明变压器。

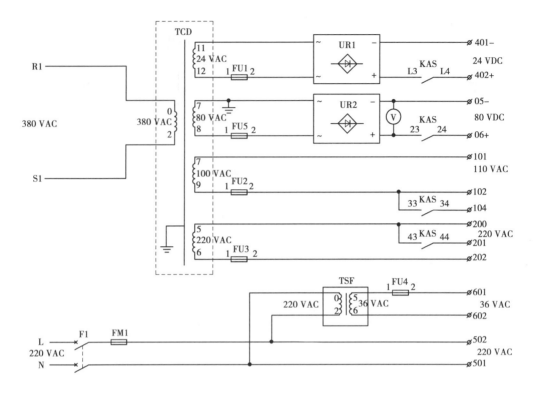

图 1-5-4 电源回路模块

3. 安全回路

图 1-5-5 给出的是安全回路开关和门锁开关串接的安全链回路。KAS 是安全回路继电器。当安全回路开关全部正常时,KAS 才吸合。同时,该信号还送到主控制器。KAD 是门锁继电器,只有当安全回路和门锁开关回路全部接通时,KAD 线圈才通电。该信号也直接送到主控制器。因此,主控制器能直接得到安全回路和门锁回路的状态,又可借助于 KAS 和 KAD继电器,更精确、有效地实现电梯的安全保护。

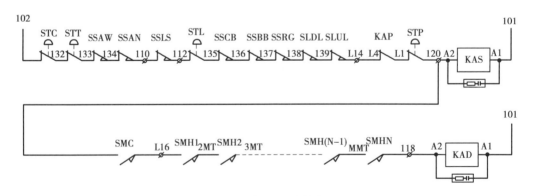

图 1-5-5 安全回路模块

4. 抱闸电路

图 1-5-6 是一个典型的抱闸线圈回路。图中 YBK 是抱闸线圈。RZ2 和 UR3 是 YBK 作为感性负载切断时的续流器件,以实现保护回路中触点、减少抱闸线圈通断瞬时的高频电磁干

66

扰的作用。KMB 是抱闸接触器,它是控制抱闸张开或抱住的主要器件。KMZ 是用来控制抱闸张开后将电压降到维持电压,从而使抱闸线圈在长期通电后不会过热损坏。抱闸回路的设计必须遵循《电梯制造与安装安全规范　第 1 部分:乘客电梯和载货电梯》(GB/T 7588.1—2020)中 5.9.2.2.2 条款内的要求,重点是切断制动器电流,至少应用两个独立的电气装置来实现。

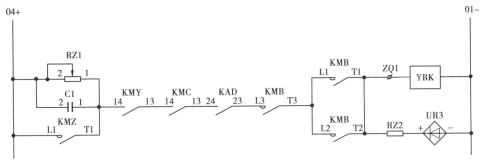

图 1-5-6　抱闸电路模块

5.门机电路

图 1-5-7 是目前较常用的变频门机的回路。即门机电动机是交流电动机,用小型变频器控制电动机的正反转和加减速,从而实现门的开关动作以及保证开关门过程中门的动作的平稳性。图中 MDD 是电动机、UFD 是变频器、KAD 是开门继电器,KAC 是关门继电器。传统做法是在每个门机系统中,外围还有一些检测开关门位置的开关,这些检测开关帮助系统得到开关门限位位置和开关门过程中的减速点位置。但现在有些门机系统,不需要外围开关,而通过装在门机马达后面的编码器脉冲信号得到上述的各个位置点。

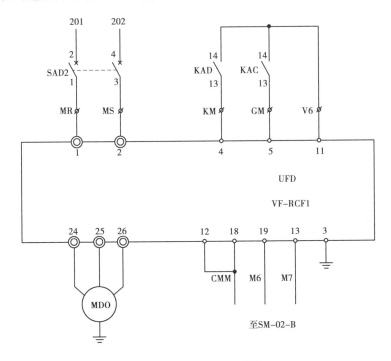

图 1-5-7　门机电路模块

6. 检修信号电路

图 1-5-8 是检修信号回路示意图。图中 SRP 是机房控制柜的紧急电动运行转换开关，SRC、SRT 分别为轿厢内和轿顶的自动/检修开关。只有当上述三个开关全部闭合时，输入到主控制器的自动信号才能打开，电梯才可以自动运行。否则，电梯只能处于检修或紧急电动运行状态。图中的 SBPR 是紧急电动运行操作的运行按钮。SBPU 是机房控制柜检修运行/紧急电动运行的上行按钮，SBCU、SBTU 分别是轿厢和轿顶的上行按钮；同样，SBPD 是机房控制柜检修运行/紧急电动运行的下行按钮，SBCD、SBTD 也分别是上述两个位置的检修下行按钮。

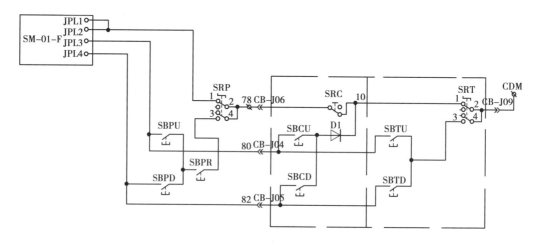

图 1-5-8 检修信号电路模块

紧急电动运行和检修运行的区别是：紧急电动运行的目的是实现电梯故障时的放人运行，所以此时它会短接安全回路中的上下极限开关、安全嵌开关、限速器开关、上行超速保护开关等；而检修运行则是正常的为电梯调试、维修和保养工作时的手动慢速运行。

新标准规定：一台电梯最多只能有两组检修操作开关。该回路的结构首先要保证检修操作优先于紧急电动运行，所以轿顶和轿厢的任何一个自动/检修开关拨到检修位置时，机房的紧急电动运行不起作用；其次要保证轿顶检修操作优先原则，即在轿顶将自动/检修开关拨到检修位置时，在操作箱不能操作电梯（上、下按钮信号输入无效）。

7. 主控制器基本输入输出回路

无论是 PLC 控制系统还是专用微机控制系统，作为主控制器的 PLC 或微机板都需要一些基本的输入点。这些输入点大多是开关触点和继电器触点，还有一些光电开关信号或磁开关信号。图 1-5-9 是一种典型控制系统的主控制器基本输入输出回路的部分信号。根据输入点电源连接的形式分为共阴和共阳两种接法，图中给出的是共阴接法。

主控制器的基本输入点主要有以下几类：

①安全开关回路和门锁开关回路的直接输入；

②自动/检修开关信号、上、下按钮信号；

③上、下限位开关信号；

④上、下终端减速开关；

⑤门锁继电器、安全回路继电器、抱闸继电器和主回路接触器的触点输入，用于检测这些继电器和接触器的故障状况；

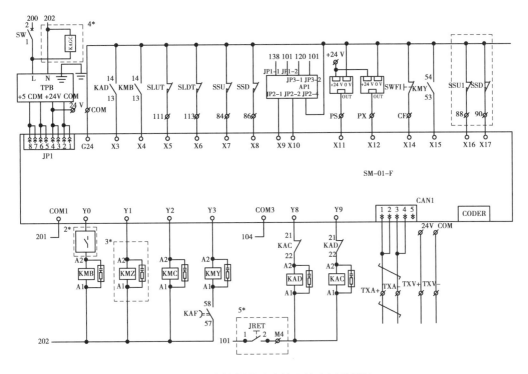

图 1-5-9　主控制器基本输入输出回路模块

⑥火灾返回和消防开关;

⑦安全继电器、接触器触点检测点输入等。

需要说明的是,主控制器的实际信号中还有轿厢、轿顶开关信号等其他一些信号。但那些信号通常在串行通信系统中,通过串行通信传送。

基本输出信号主要有以下几类:

①给驱动器(通常是变频器)的命令信号,包括下、下行运行命令,速度指令(有段速方式或模拟量速度给定方式)等。

②接触器驱动信号,包括主回路接触器、抱闸接触器和抱闸强激接触器。

③继电器驱动信号,主要是开、关门继电器等。

8. 轿厢/轿顶信号输入输出回路

以串行通信系统为例,所有的输入信号都首先输入轿厢控制板,然后再输入主控制器。所有的输出信号先由主控制器通过串行通信输出给轿厢控制器,然后由轿厢控制器再输出信号驱动各部件。图 1-5-10 中给出了轿厢/轿顶信号的输入输出回路。

输入信号主要包括:

①指令按钮,包括上、下召唤按钮的输入,这类信号随层楼数增加而增多。

②轿厢开关,包括司机开关、独立运行开关、直驶按钮等。

③轿顶开关,包括安全触板开关、开门限位开关,关门限位开关等。

④轿底开关,包括满载开关、超载开关等。

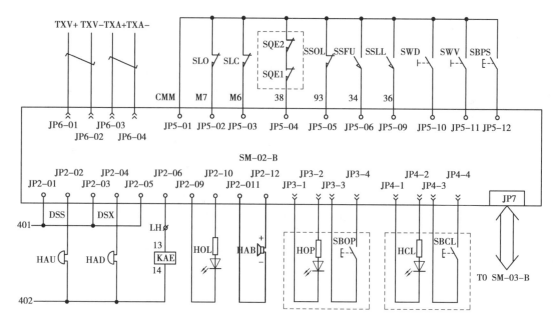

图 1-5-10　轿厢/轿顶信号输入输出回路模块

输出信号主要包括:

①指令,上、下召唤按钮灯的点灯信号,这类信号也随电梯层楼数的增加而增加。

②层楼显示器输出信号。

③轿厢到站钟,超载蜂鸣器以及其他一些轿厢显示信号。

9. 串行通信及召唤和显示回路

在串行通信的电梯控制系统中,主控制器和轿厢控制器、层站控制器通过串行通信进行信号传送。

轿厢显示器主要就是在轿内的电梯层楼和运行方向的显示,另外还有超载灯和消防灯的点灯功能。

层站控制器主要是负责完成召唤按钮信号的输入和按钮灯的点灯工作,以及层站电梯层楼位置和运行方向显示工作。另外,锁梯开关的输入、层站到站灯和到站钟信号的输出通常也由层站控制器完成。

目前常用的通信线如图 1-5-10 所示,共有 4 根,其中两根为电源线(TXV + ,TXV −),另两根为信号线(TXA + ,TXA −)。对于差分信号的通信线,通常采用双绞线,以提高抗干扰能力。

10. 照明及其他

图 1-5-11 是照明电路图。它分两组电源,其中的 AC 36 V 安全电源是用于轿顶和轿底的照明和插座,供安装、调试、维修保养的工作人员用。AC 220 V 电源用于轿厢的照明和风扇。图中的 KAE 是自动控制轿厢照明和风扇的继电器触点,它由主控制器控制,当电梯较长时间无人乘用时,控制系统通过该继电器关断风扇和照明电源,以达到节约用电的目的。

图 1-5-12 还有应急电源和警铃的接线示意图。警铃由应急电池电源支持,因此在关电的情况下,它还必须能够使用。当乘客在乘梯时,发现电梯停电或发生故障,就可在操纵箱上按警铃按钮,装在井道内的警铃就会鸣响,从而可通知外面的管理人员前来救援。在实际使用时,警铃按钮和内部通话装置用同一按钮,因此,在按响警铃的同时,通话装置也会连通值班

室或机房,使乘客可以与值班人员交流,从而通知值班人员尽快前来救援,同时也能缓解乘客的焦急情绪。

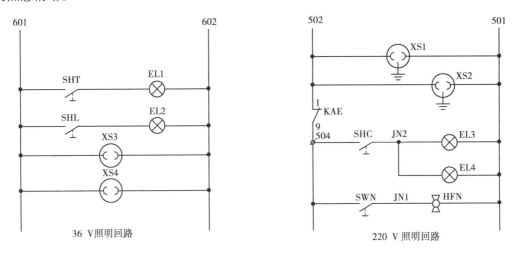

图 1-5-11　照明电路模块

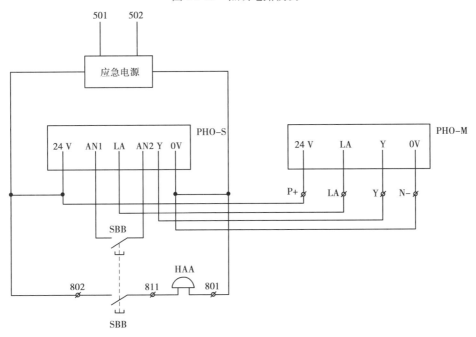

图 1-5-12　应急电源和警铃电路模块

（二）电梯控制系统的软件设计

虽然电梯在接收了指令后,整个运行过程自动完成。但是,电梯控制系统是如何"自动完成"这些工作的呢？在 PLC 控制系统或专用微机控制系统中,整个运行过程逻辑的实现基本上都由软件来完成。下面将介绍电梯控制系统中典型功能的软件设计。

1. 选层器计算

电梯要进行自动运行和自动减速、平层，必须要自动计算出准确的层楼位置信号和减速点信号。这一部分工作称为选层器计算。

在早期的控制系统中，通常采用如下两种选择器：一种是井道装位置开关方式。即在井道中，在每二层楼之间都装有层楼位置开关（磁开关），当轿厢在井道内上、下运行时，在不同的位置，接近装在不同位置的磁开关，装在轿厢外侧的铁板插入磁开关时，该开关就动作，不同位置开关的动作就可确定轿厢的不同层楼位置。同样，在井道中还针对每层楼都装有对应电梯上下运行减速点的磁开关，通过这些减速点磁开关的动作，控制系统能够确定电梯要到任何一楼平层时的减速开始点位置。在速度不超过 1 m/s 的电梯中，通常将减速点开关和层楼位置检测开关合在一起。但是，当电梯速度超过 1 m/s 时，减速点会大大增加。此时如果继续采取井道磁开关方式，磁开关的数量将大大增加（速度高的电梯，通常层楼数也多），这对安装带来诸多不便，接线也大大增加，可靠性将会降低。

第二种是机械式选层器。在早期的控制系统中，当电梯速度超过 1 m/s 时，大多数采用机械式选层器。机械式选层器一般放在机房里，选层器装有与电梯所需的层楼位置开关和减速点开关相同数量的定触点，各开关之间的距离与装在井道中时的距离严格成比例关系。在选层器上有一个运动触点随电梯的上下运行而上下活动，其活动速度和电梯的运行速度的比例严格等于上述距离的比例。这样选层器上的运动触点和不同的定触点的接触就给出电梯在运行过程中的不同层楼位置信号和减速点信号。

机械式选层器结构较复杂，精度要求很高，调试不太方便，最大的问题是机械触点的可靠性不太好，目前已基本淘汰。但是，井道装开关的方式（现在不一定用磁开关，也有可能是光电开关）还在使用，主要是层楼很低的货梯和液压梯。

现在的控制系统都是专用微机系统和 PLC 系统，都有较灵活的软件设计功能。井道开关选层器方式，实施方法有所不同，目前大多采用轿厢外侧装开关，在井道的不同对应位置装插板，通过 CPU 具有的计数功能，同样可获得各层楼位置信号和减速点信号。它和井道装开关的方式相比，具有开关少、接线少的优点。

目前在国内的所有电梯控制系统中，无论专用微机系统，还是 PLC 控制系统，最常用的选层器方式是增量式脉冲编码器方式。对这种选层器，软件设计主要完成以下工作：

（1）电梯位置信号的计算

在通过增量式脉冲编码器计算层楼位置的方式中，基本原理是怎样的呢？首先要得到在一个程序运行周期内的脉冲计数器的差值（增量），当电梯上行时，在电梯位置脉冲累加器中加上该增量；当电梯下行时，累加器减去该增量。这个累加器的数据再乘上一个每个脉冲相当于多少位移距离的当量系数，就可得出电梯目前离下端基准位置有多高的位置距离信号。

（2）电梯层楼信号的计算

光知道电梯的距离信号是不够的，必须还要知道电梯的层楼信号，因为乘客都是在某一层楼召唤电梯的，而不是在某一个距离位置（比例 36.5 m）召唤电梯的。因此计算电梯的楼层信号必不可少。为此，刚安装好的电梯，必须在电梯正式运行前的调试过程中，先要进行一次电梯层楼基准数据的自学习工作。即通过一个特定的指令，让电梯进入自学习运行状态，或人工操作或自动从最底层向上运行到顶层。由于轿厢外侧装有平层开关，而在井道中，对应每层楼的平层位置都装有插板，所以在电梯自下向上运行过程中，轿厢每到一层平层位置，平层开关都动作。在自学习状态时,控制系统就记下到达每一层平层开关动作时位置的脉冲累加器中的数值,作为每一层楼的基准位置数据。因此,在平常运行过程中,控制系统比较位置累加器和层楼基准位置数值,可得到电梯的层楼信号。

（3）前进位置和前进层的计算

为了计算精确的减速点,计算前进位置和前进层非常重要。特别是对于能自选产生距离减速速度指令曲线的控制系统,它更是必不可少的。

所谓前进位置,就是指电梯高速运行时,如果马上开始减速,按照正常曲线能够停车的精确位置。前进位置肯定在电梯实际位置（即脉冲累加器计数位置）的前方。上行时,前进位置的值比实际位置（或称同步位置）大,下行时比同步位置小,两者的差值即超前量。它在电梯不同的加速过程和不同速度时是不同的,但可以通过数学公式计算出来。计算前进位置实际上只要计算超前量即可。

前进层是指电梯在高速运行过程中,如果现在开始减速,按正常速度曲线运行能够精确平层（也就是不会冲过头）的最近层楼。在实际计算时,当前进位置过了原来前进层的平层基准位置时,就将前进层信号向前移一层（上行时加1,下行时减1）。需要补充的是,当电梯确立减速请求信号后,就不需要再计算前进位置和前进层。此时的前进层就置为目标层,前进位置就置为目标层基准位置。

（4）剩距离计算

如果电梯控制系统自行产生距离减速速度指令曲线,那么当电梯减速时,它必须要计算电梯的剩距离。因为,计算减速过程中的速度指令时,剩距离是它的必需自变量。

2.电梯速度指令曲线或段速指令的计算

现在的电梯控制系统中,通常有两种速度给定的方法。一种是给调速器一个段速指令,让调速器自行产生速度曲线,如给变频器指令,由变频器根据参数设置实现多段速输出。另一种是控制系统自行计算速度指令,通过模拟信号接口或其他专用接口送给调速器,从而控制调速器严格按控制系统产生的速度曲线运行。

（1）段速指令方式

在段速指令方式中,控制系统只是给出一个目标速度的指令,调速器会自行计算从当前速度转换到目标速度的曲线,所以控制系统不需要考虑其中的细节。

在段速给定方式中,通常根据电梯不同的额定速度,分成不同的段速数量。一般来说,对于 1 m/s 的电梯,它只需一个段速;对于 1.75 m/s 的电梯,它需要两个段速:单层速度和多层速度,即如果电梯的一次运行距离只有一层楼间隔时,就给出一个单层速度,如果电梯的一次运行距离有两层楼以上的间隔时,就给出一个多层速度（就是额定速度）;对于 2 m/s 的电梯,它中间还要加一个双层速度,即运行距离为两层楼时,给出一个双层速度,只有当运行距离三层楼以上时,可能给出多层速度或额定速度;对于 2.5 m/s 的电梯,它可以与 2 m/s 速度的电梯一样,用三个段速,也可以用四个段速。用三个段速时,必须将减速器上的调速斜率调得大一点。用四个段速时,还要增加一个三层速度。

另外,对每一台电梯,必须还要有检修速度、平层时的爬行速度、再平层速度等段速。控制系统在计算单层速度至多层速度的各种段速时,可采用如下两种方法:第一种方法是,在电梯启动前就确定这次运行的目标层有多远。如果只有一层楼距离,就给出一个单层速度（或对 1 m/s 电梯是额定速度）;如果有两层楼距离就给出一个双层速度（对 1.75 m/s 及以上速度的电梯),如果有三层楼距离,就给出一个三层速度或对 2 m/s 速度的电梯是额定速度(对 2 m/s 及以上速度的电梯),以此类推。用这种方法存在这样一个缺点,即在某些时候,对于可以截车的召唤不截车。例如:对于一台 2.5 m/s 的电梯,当它从 1 楼为了响应 15 楼的指令向上运行时,由于启动前已经确定这个运行是远距离的,所以给出多层速度,假设它又是采用四段速方式。因此,如果电梯刚启动时就有乘客发生一个 4 楼的上召唤,按道理电梯是能够响应该召唤信号的,但由于它在启动时已经定下了多层速度,所以它只能不响应 4 楼的上召唤截车。

第二种段速给定方法可以在一定程度上弥补第一种方法的缺陷。电梯在每次启动时,给出的都是单层速度,经过一段时间的检测,如果在一层楼距离的楼层没有截车召唤和指令,就自动转换成双层速度或多层速度(如果电梯有两个以上段速);如果再经过一段时间的检测,在离出发层两层楼的楼层还没有截车召唤和指令,就再自动转换成三层速度(如果电梯有三个以上段速);以此类推,在整个启动过程中,段速指令一步一步逐渐增大,直到有截车信号或达到额定速度为止。在这种方法中,实现难度在于段速转换的时机把握。

在段速给定方法中,减速信号的给出是根据不同的减速距离计算出来的。从单层速度到多层速度,每一个段速对应一个减速距离。电梯在运行过程,当目标层平层位置离同步位置的距离小于等于现在运行的段速对应的减速距离时,就会发出减速信号,此时控制系统就把段速信号转换成平层速度或爬行速度信号。驱动系统就会根据内部曲线将速度逐渐减速到爬行速度为止,最后电梯总是以爬行速度运行到平层位置再停车。由爬行速度运行的距离称为爬行距离,爬行距离太长会影响电梯的运行效果,平常可通过调整减速距离或调整调速器(变频器)的减速斜率来调整减速距离。但由于驱动系统中对电机的转速控制不会绝对精确,在电梯的负载有差异时,以及在电梯的运行方向变化时总会产生不同的误差。所以在段速控制的系统中总要留有一定距离的爬行,这也是段速给定方法的致命弱点。

为了防止电梯越程,终端减速开关(或强迫减速开关)是必不可少的。在段速给定方法中,对终端减速开关的处理方法大致是这样的:在电梯井道的两终端分别装有数量与高速运行时的段速数相等的减速开关,每个开关对应一个段速,分别称为单层减速开关、双层减速开关等。每个开关的动作点离终端层平层位置的距离也对应于该段速对应的减速距离。当电梯在向终端层运行时,如果此时是单层速度,则当该终端的单层减速开关动作时,不管此时正常减速信号是否已给出,控制系统都会强行减速,即立即将段速变为爬行速度段速;如果正在以双层速度运行,则当该终端的单层减速开关或双层减速开关动作时,电梯强行减速。在其他段速时,以此类推。

(2)控制系统自选产生速度曲线方法

采用这一方法的控制系统,对硬件要有基本要求,即必须具有接收调速器的速度指令的接口。这种接口的方式通常有以下几种:模拟信号给定、串行通信数据传递或者并行数据传递接口。在 PLC 控制系统中,通常不具有这类接口或增加这类接口成本太高,所以只能采用段速给定方式。

在产生速度曲线的过程中,主要分以下几个阶段:

①准备阶段:在电梯停着时,要对变量进行初始化。

②加加速(或启动圆角)阶段:当电梯刚启动时,在增加速度的同时,加速度也逐渐增加。当加速度增加到设定的最高加速度时,加速阶段结束,转入下一阶段。

③匀加速阶段:电梯的加速度是恒定的,速度的增量在每一个定时的程序周期中都是相同的。当速度达到额定速度的加速圆角起始点时,或者在减速实施信号给出后,匀加速阶段结束,转入下一阶段。需要指出的是减速实施信号的给出是需要非常复杂和精确的计算的。

④加速圆角阶段:完成从匀加速到匀速度的转换。在这一阶段,加速度越来越小,但速度还在增加。当加速度达到零时就结束加速圆角阶段,转入下一阶段。

⑤匀速运行阶段:电梯的速度不变。当减速实施信号给出后,结束匀速阶段转入下一阶段。

⑥减速圆角阶段:完成从匀速运行到匀减速的转换。在这一阶段,加速度和速度都逐渐减小。当加速度减小到其数值的绝对值和设定的最大减速度数值相等时,就结束减速圆角,转入匀减速阶段。实际上,由于在这以前都是以时间作为自变量,而到下一个阶段是用距离作为自变量,所以完成这一转换的过程也并不简单。

⑦匀减速(距离减速)阶段:为了保证电梯的直接停靠,提高电梯的运行效率,在匀减速阶段采用距离减速方式很有意义。在这一阶段,根据剩距离和匀减速原则,通过复杂的数学运算,计算出速度指令。当速度达到平层圆角最高速时,就转入下一阶段。

⑧平层圆角阶段:在这一阶段中,逐渐将电梯速度减到零的同时,也要将减速度减为零,直到电梯到达平层位置,电梯停车,该阶段结束,又回到准备阶段。

在控制系统自行产生速度曲线时,终端减速开关的处理方法也有所不同。通常在2.5 m/s以下速度的电梯中,每个终端装有两只减速开关(1 m/s的电梯只需要一只开关)。离终端近的一只开关的动作通常在离终端层平层位置1.2 m～1.4 m。另一只开关的动作根据电梯额定速度的不同而变化。

为了发挥终端减速开关的防止越程作用,典型的做法是:在电梯驶向终端层的过程中,当任何一个终端减速开关动作后,控制系统还产生一条对应终端减速开关的减速曲线。在正常情况下,该曲线的速度比正常速度曲线的速度高一点。如果发生意外,正常曲线的速度指令高于终端减速开关曲线的速度指令,控制系统就强行采用两者中较低的速度,从而保证了电梯不会越程。

3.电梯的安全保护

电梯的安全保护是控制系统中非常重要的一个部分。为了保证人身安全,电梯控制系统必须保证电梯只有在符合所有电气安全条件的情况下才能运行。电梯基本的安全条件主要有以下几点:

①安全回路必须正常接通;

②门锁回路必须正常接通;

③电梯没有影响运行的故障现象;

④电梯在上行时,上限位开关没有动作;

⑤电梯在下行时,下限位开关没有动作等。

4.对驱动信号的时序控制

驱动信号包括:主接触器、抱闸接触器、调速器的上、下行信号,速度指令信号等。所谓对驱动信号的时序控制,就是在电梯启制动时,控制上述信号哪个先给出、哪个后给出的先后次序以及每个信号给出的相隔时间;在电梯停车时,控制上述信号哪个先释放、哪个后释放的先后次序以及每个信号释放的相隔时间。对于不同的调速器和不同的抱闸等环境,时序控制是有差异的。因此,对一个通用的电梯控制系统,在设计软件时,设置一定的参数可供现场调试时调整。只有将时序控制到了最佳点时,才能保证电梯在启动和制动时有很好的舒适感。

5.电梯的假层和非服务层的处理

电梯的假层是出于以下两种情况:一是某一层特别高,通常高于8 m,为了保证增量式脉冲编码器的累计误差不能太大,需要在中间加一个平层插板,形成一个假层。二是在大楼中某一层一直是被封死的,没有厅门。

假层的特点是:电梯层楼显示器没有对这一层定一个显示码。所以,如果光看层楼显示器,在电梯驶过假层时,是看不出任何迹象的。为了处理假层,在电梯控制系统中,必须另外设置一个实层层楼信号数据,先把带有假层的层楼信号处理成实层信号,以后的一切操作,都根据实层楼来计算。

非服务层实际上是实层,但当电梯正常运行时,不会在这层楼截车平层。在非服务层,即使有指令按钮也按不亮。单梯时,即使有召唤按钮,也不能登记信号。并联或群控时,即使有召唤按钮并能登记信号,那个召唤信号也一定是分配给并联或群控中另外对这层楼是服务层的电梯。电梯在经过非服务层时,层楼显示器会显示这层楼的显示代码。对非服务的处理,只要控制指令信号的登记、召唤信号的登记或召唤信号的分配即可。非服务层有固定设置和灵活设置的两种。对固定设置非服务的电梯,那些非服务层正常是不能改变的。对灵活设置的非服务层电梯,非服务层是灵活设置的,甚至还可以临时取消。

6.电梯的指令或召唤信号的登记和消除

在自动状态,电梯的指令和召唤信号的自动登记和消除是电梯自动运行的基本条件。电梯指令的登记条件有:

①必须在自动状态;

②电梯没有故障;

③电梯没有消号信号;

④电梯没有在如火灾返回等特殊状态。

召唤信号的登记条件除了必须满足指令登记和条件外,还必须满足没有独立运行、没有锁梯信号、没有消防操作等特殊运行的条件。

电梯指令的消号条件是:对于轿内呼梯指令,电梯在本层平层或停在本层,且本层有召唤指令。对于厅外呼梯指令,消上召唤时必须有上行方向,消下召唤时必须有下行方向,而且必须在开门动作或开好门没有关门动作时。

另外,在一些特殊情况下,也会对指令信号消号,如:反向时消号、错误指令人工消号、防捣乱消号等。

7.电梯的自动定向

电梯在自动运行状态时,运行方向是控制系统自动产生的。需要说明的是,定向时往往先产生一个预报方向,而预报方向和实际运行方向在某些情况下是有差异的。例如,当电梯向上运行到8楼时,前方已没有指令或召唤信号,而8楼也只有一个下召唤信号,那么系统在到达8楼的平层过程中,内部已经定下了下方向,尽管此时电梯还在向上运行。定向需要考虑的主要因素(以定上方向为例,定下方向类似问题)有:

①电梯上方有指令信号;

②电梯上方有下召唤信号;

③电梯本层及上方有上召唤信号;

④电梯在需返基站时,基站在上方;

⑤电梯运行到了底层时;

⑥电梯在减速过程中有上方向保持信号;

⑦电梯定上方向的必要条件是电梯已没有下行方向。电梯在顶层时,不能定上方向。

8. 电梯的起动和减速请求信号

电梯在高速自动运行状态(正常状态)时,必须满足以下所有条件,控制系统才能给出启动信号:

①电梯有召唤或指令信号登记,或者已经给出返基站指令(自动返基站、火灾时紧急返基站等)而且基站在定向方向的前方。

②电梯已经有定向。

③门锁回路接通(即所有厅门和轿门都已关闭),安全回路接通(即所有安全开关都正常)。

④没有故障保护。

电梯在正常状态自动运行过程中,满足以下任何条件时,控制系统就会给出减速信号:

①前进层有指令登记或在没有直驶信号的条件下有同向召唤信号登记。

②前进层的运行方向前方没有任何指令和召唤信号登记,而且没有向前方运行的返基站信号。

③电梯的前进层到达运行方向的端站层。

④在段速指令的系统中,相应的运行方向的终端开关动作。

⑤在控制系统自行产生速度曲线的系统中,电梯已运行终端减速开关速度曲线。

9. 电梯的开、关门控制

早期的电梯的门是手动开、关的,但现在的电梯基本都是由电动机驱动的自动门。电梯控制系统在进行开关门控制时,首先要遵循以下三个要点:

①电梯光幕或者安全触板动作时严禁关门。

②电梯在门区外严禁开门。

③电梯在运行过程中严禁开门。

电梯在检修运行时,按国家标准要求是不允许自动门操作的。只允许在符合上述 3 个要点的条件下,可以通过按开、关门按钮进行门的点动操作。当松开开关门按钮时,门就会停在原来的位置。

在自动状态(正常状态)时,电梯在下列条件下自动开门:

①电梯到了有指令或同向召唤登记的层楼平层停车时。

②电梯停车时,按下开门按钮后。

③电梯停车时,在没有按关门按钮的条件下,按下和电梯运行方向相同的本层厅外召唤按钮。

④在关门过程中安全触板或者光幕动作。

⑤在没有按住关门按钮的情况下,在电梯关门过程中,光幕动作。

⑥电梯在超载时,电梯开门,且发出报警信号。

⑦连续关门一定的时间(比如3秒)或次数(3次)后,电梯门还不能完全关闭。

在自动状态时,电梯在下列条件下自动关门:

①电梯在门开毕后延时一定的时间后。

②电梯在门开毕后,按下关门按钮。

③电梯连续开门一定的时间(如3秒)后,电梯门还不能打开。

需要说明的是,在司机操作、消防操作、独立运行等状态时,开关门操作有所不同。

有的电梯还有前后两扇轿门,并且要求前后门不是同时开启,这就给自动门的开关门控制带来了一定复杂性。通常在每次平层时,如果平层前目标层前门有指令或同向召唤就开前门,后门有指令或召唤就开后门,两扇门都有就两扇都开。在电梯停着门全部关闭后,按前门开门按钮就开前门,按后门开门按钮就开后门。前后门开门按钮都按时,两扇门都开。在有的控制系统中,不允许两扇门同时开。如果两扇门都有开门条件时,先开一扇门,等先开的那扇门关闭后再开另一扇。

10. 电梯的各种声光信号的输出

这些声光信号包括:

(1)电梯层楼显示器的显示信号

层楼显示器显示信号包括位置信号和方向信号。需要说明的是,显示的层楼位置数据和控制系统内部的同步层位置不一定相同。控制系统内部的同步层是按1、2、3、4顺序依次排列的数据,而层楼显示的是一个层楼的代码或是名称,它不仅可以是1、2、3、5的跳跃,也可以用诸如G、B等字符。显示的方向箭头在大多数情况下是电梯的实际运行方向,但在电梯停着或马上要换方向时,则表示了即将要运行的方向。

(2)电梯的轿厢到站钟

正规的做法是在轿厢的轿顶和轿底各装一只到站钟;电梯在上行或者下行减速过程中,在进入平层区间时,鸣响轿顶到站钟。

(3)层站到站钟和到站预报灯

有些电梯,大多是群控电梯,在每层楼都装有到站钟和到站预报灯。在电梯即将平层时,目标层上的到站钟鸣响,对应预报下次运行方向的到站灯闪亮,从而提醒待梯的乘客该到哪台电梯乘梯。除了端站外,每层楼都有两只到站灯,对应上下方向。有些电梯每层楼只用一只到站钟,但也有的电梯装有两只到站钟。两只钟声音的音调不同,分别代表上、下运行方向。

(4)语音报站装置

语音报站装置的本身是一个语音合成装置和一只喇叭。电梯每到一站平层前,控制系统控制语音报站装置报出将要到达的层楼名,以提醒下梯的乘客不要错过。另外,语音报站装置还在电梯门开毕时报出电梯将要运行的方向,以提醒乘客不要乘错方向。

(5)蜂鸣器

通常在电梯超载时蜂鸣器要鸣响,以提醒乘客电梯已超载,不能关门和启动。另外,当人为长时期不让电梯关门(比如挡住光幕或安全触板)时,控制系统鸣响蜂鸣器,以提醒乘客,开门时间太长。

11. 电梯的监控和报警

为了便于电梯的管理和维修保养,使用电梯的监控功能非常有意义。

通常监控可分两种形式:小区监控和远程监控。小区监控是为了帮助物业管理公司实施对小区内电梯有效管理而设的电梯监控系统。一般在物业管理公司的值班室配有监控电脑,该电脑配有专用监控软件,通过 RS-485 串行通信线,与小区中的电梯监控系统连接。在监控软件运行后,监控电脑就可与被监控的每一台电梯的控制系统进行串行数据通信,从而可在电脑显示器上显示每一电梯的当前运行状态。

远程监控是为了方便电梯维修保养公司的维保工作而设计的监控系统。通常在维修、保养中心配有一台或多台监控电脑,每台电脑都装有专用监控软件,通过有线或无线网络实现监控电脑和被监控的电梯控制系统的连接。通过监控软件,任何时候都可以查看电梯的运行状态。同样,被监控的电梯控制系统在电梯发生故障时,能主动向电梯监控中心报警。

无论是小区监控还是远程监控,监控电脑对电梯的监控内容主要有以下几点:

①电梯的层楼位置和运行方向。

②电梯的运行状态:是自动还是检修,有司机还是无司机,是否消防运行,是否锁梯,有无故障等。

③电梯的开、关门状态。

④电梯指令和召唤的登记状态。

⑤电梯的故障代码和发生故障时的状态,如层楼位置等,以及这些信息的历史记录。

⑥电梯控制系统的参数设置情况。

另外,监控系统还应具有报警功能,即当电梯发生故障时,控制系统会自动与监控电脑连接,并向监控电脑报警,送出故障代码等信息,从而使维修保养中心或物业管理中心尽快采取正确措施,使电梯在最短时间内恢复正常运行。

四、任务实施

学生在教师的指导下,完成表 1-5-1。

表 1-5-1　实施评价表

序号	位置	元件名称	模块功能
1	电源模块		
2	主回路模块		
3	驱动电路模块		
4	安全回路模块		
5	检修电路模块		
6	轿厢及轿顶电路模块		
7	报警电路模块		

五、任务评价

表 1-5-2　评价记录表

序号	内容	分值	评价标准	得分	备注
1	电路模块元件描述正确、电路功能描述正确	60	元件描述错误,扣 5 分/个;电路模块功能回答错误,扣 5 分/个,扣完为止		
2	安全意识及操作规范	40	未按照要求进行安全操作,扣 10 分/次;扣完为止		
得分合计			教师签名		

六、问题与思考

①简述电梯主要电路模块的组成元件、电路功能。

②简述电梯开门的条件。

③轿内呼梯按钮信号登记和消号条件是什么?厅外呼梯按钮信号登记与消号条件是什么?

④在电源电路中,动力电路的电源和轿厢照明电路的电源可以共用吗?

七、拓展知识

在不断发展的互联网时代当下,从智慧家居、智能交通工具,到华为鸿蒙系统万物互联概念的提出以及初步实现,从这方方面面我们可窥未来互联网世界的一角,未来应该是万物智能、万物互联的智能地球时代。

在我国经济和城市建设的快速发展过程中,大型商务中心、高层住宅迅速增多,电梯的市场保有量也在飞速增长。作为我们日常生活中不可避免需要接触到垂直领域交通工具——垂直电梯,它同样需要跟上科技的发展,它也需要变得有"智慧"。

什么是有"智慧"的电梯?有智慧的电梯就是我们通过互联网通信技术、5G 移动通信技术、大数据技术的成熟应用,让电梯管理、维保等服务得到巨大优化,通过技术改进后的电梯会拥有"智慧",如当电梯运行发生异常,会通知电梯维保人员进行维修、会发出警报、会判断并选择运行状态等。

图 1-5-13 是智慧电梯典型的技术架构。

电梯物联网应用属于物联网技术的产业应用范畴,是指利用物联网(IOT)技术、集成嵌入式、云计算、高清流媒体、有线／无线通信和计算机电信集成(CTI)等先进技术,通过实时采集电梯的运行数据,对电梯进行数据仿真;结合云端大数据分析平台,可全面了解电梯各部件的"健康指标",提前预知电梯可能发生的故障,提前维护保养,实现对电梯的预防性维护和探索电梯按需维保方式;构建一个既能体现电梯运行安全监管职能,提升电梯使用主体的安全管理水平,又能与城市应急救援指挥中心联动,且能保障人民群众生命财产安全的电梯物联网平台,实现对电梯运行的远程监测、远程管理、远程传输、远程服务、故障数据分析、应急指挥

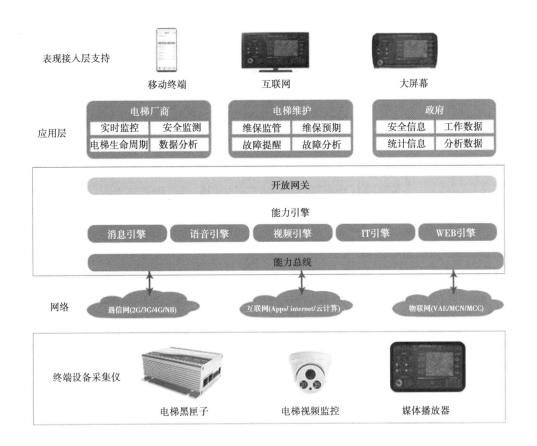

图 1-5-13 智慧电梯典型的技术架构

调度、电梯维保全程监管、手机 APP 和社会公众监督等功能。

电梯物联网系统的实施则可以实现四个"第一时间",即第一时间掌握信息、第一时间发出指令、第一时间实施救援、第一时间调查处理。

智慧电梯一般由电梯数据管理云系统、电梯应急救援系统、电梯公众服务系统、电梯监督管理系统、维保工作管理系统、电梯物联网数据监测系统组成,实现电梯数据的统一管理和综合性服务。

电梯物联网系统可实现对电梯日常运行、故障以及维保等记录进行跟踪,实现对电梯的统一监控、报警、管理,及时发现电梯隐患,对发生的电梯困人故障进行实时安抚,并配合及时高效的救援,提高维保单位的救援服务,最大限度地保证电梯运行安全,降低企业管理成本,最终实现良好的社会效益。

电梯应急处置公共服务平台可以对在网电梯进行实时运行监测,监测对象包括电梯安全监测、电梯运行数据监测、电梯问题信息、维保工作情况、轿厢视频监控。

集成数据程控呼叫中心系统、数字录音系统对应急专线接入的报警电话进行管理与处置。结合地理信息系统对报人所在电梯进行定位、使用系统功能对电梯维保救援人员、救援站工作人员、社会救援力量等进行救援工作调度,对重大事故及时进行上报。

图 1-5-14 是一种典型的智慧电梯物联网组成系统。该系统一般具有以下几个主要功能:

①实时监测故障,能够实时监测各种电梯品牌的故障,帮助企业第一时间发现故障、排除故障,发现问题上传到云平台并及时处理。

②一键报警功能,当电梯发生突发情况的时候,系统会向指定的负责人发送报警信息,以最快的速度实施救援行动,保障人身安全。

③电梯监测管理平台有专门定制的 PC 端和 ios 安卓端的 app 界面给管理人员使用,实时掌握情况,给电梯管理带来了极大的方便,从根本上改变了诊断人员忙于奔波的被动局面。

④查询方式多样,用户通过短信和二维码就可以查看电梯的运行状态。

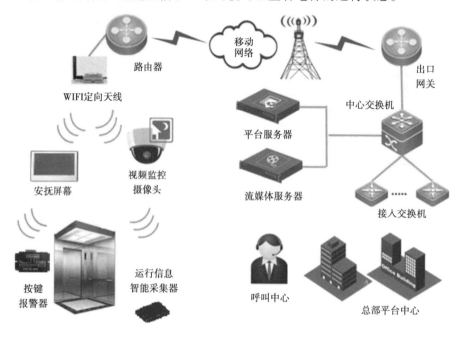

图 1-5-14　典型的智慧电梯物联网组成系统

项目二

电梯的 PLC 电气控制系统

项目描述

本项目主要以"西门子杯"智能制造工程设计与应用类赛项:离散行业自动化为依托,分为 2 个工作任务,以西门子 S7-1200 系列 PLC 为电气系统的主控制器,完成单台电梯控制系统的编程与调试和多台电梯群控系统的编程与调试。本项目不仅能提高学生的逻辑思维能力,还可以培养学生综合应用所学知识,分析、处理复杂环境下控制科学与工程及相关领域现实问题,提高学生对社会和环境变迁,以及危机和突发事件的适应能力。

任务一　单台电梯的 PLC 电气控制系统的编程与调试

一、任务目标

①理解电梯的基本功能。
②了解西门子 S7-1200PLC 的基本结构和编程指令。
③掌握电梯 PLC 控制系统的编程方法。

二、任务描述

电梯是住宅楼、商场、写字楼等建筑中非常重要的一种承载工具。随着社会进步和城市化的推进,城市规模越来越庞大,楼也越来越高,这就导致人们对电梯的控制精确度和范围等有了更高的需求。当前,大多数货运电梯都使用 PLC 实现对电梯运行实况的操控。成熟的控制系统不仅要实现电梯的基本功能,还需要在确保安全性能的同时采取优秀的算法,实现自动化、智能化。

本任务选择了西门子 S7-1200 系列的 PLC 作为整个电梯的控制系统设计的控制核心,以西门子电梯仿真模型为对象,以 TIA 博途软件作为开发平台,充分考虑电梯运行方式和效率的要求,设计一种单台六层电梯控制系统,实现对其运动功能的控制和运行安全的监测。

三、相关知识

（一）PLC 电梯控制系统的基本结构

电梯控制系统原理如图 2-1-1 所示，PLC 作为主控器，其输入信号部分主要由电梯呼梯按钮指令、平层信号、门区信号、操作模式、编码器检测、安全回路检测信号、开关门检测信号以及其他反馈信号组成。输出信号部分主要包括了呼梯按钮的指示灯、楼层显示、变频器驱动指令（上行、下行、多段速）以及紧急状态处理等信号。

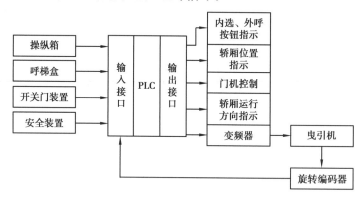

图 2-1-1 电梯 PLC 控制系统结构图

为了便于学习和理解程序，本任务简化了电梯的结构，主要以图 2-1-2 所示的电梯结构进行编程。电梯由曳引电动机驱动运行完成上下行；在最底层和最上层有上下限位感应器，防止电梯超过运行范围；同时轿厢上有上下平层传感器，控制准确定在目标楼层。另外，在轿厢上还有开关门到位和门驱动电机完成轿厢门的开关。

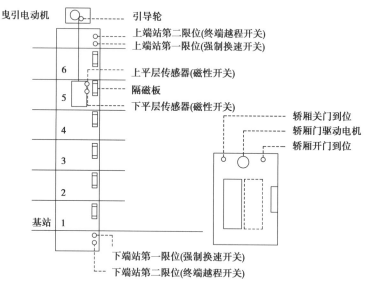

图 2-1-2 单台 6 层电梯的结构示意图

（二）电梯的基本功能

1. 电梯初始化

在上电之后,电梯会给出一个初始化的信号提示。PLC 在接收信号之后,进行初始化的工作,并返回准备就绪信号以确认,同时也包含了一些必要的用于存储器复位的程序。例如,使电梯位于基站(即一层)待命。

2. 集选控制

集选控制,通俗来说就是集合所有呼叫信号,选择相对应的方式进行特定的控制。

例如,电梯在正常运行时,可以接收运行的同方向全部呼叫信号和轿厢内的选层信号,并通过判断完成在其指定的平层停靠工作。电梯在完成处理所有的呼叫信号以及选层信号之后,停靠在其最后一次执行运行的楼层进行待机处理。

3. 开关门控制

控制电梯的 PLC 会实时综合电梯的运行状态和相关信号,包括电梯门的开关情况、呼梯的信号、选层的信号、光幕的信号等,对电梯的轿厢门进行特定的控制。当按下呼梯按钮的时候,按钮的指示灯变亮,抵达目标层之后,指示灯灭,轿厢执行平层开门动作。

例如,当电梯门没有完全关闭的时候,如果此时存在光幕信号,必须对其进行优先处理响应,保持其电梯门的开启状态;当电梯到达平层开门之后,对电梯门进行延时关闭处理,且此时间是可修改的;当持续存在开门信号时,门延时关闭的功能将会失效。

4. 启停控制

电梯按照相应的时间原则完成启停动作。当电梯抵达相应楼层时,电机需要根据时间原则完成三级制动减速动作,等到平层后,切断上行、下行接触器,进行停车动作。

5. 运行监控

当电梯正常运作时,一直需要对当前的运行方向、楼层(采用七段数码管显示)进行实时监控与显示。当没有呼叫指令产生的时候,电梯运行方向的指示灯无指向。

6. 错误指令消除

特别对可能存在的人为原因的选层信号的错误操作进行特定的优化处理,增加防捣乱功能。例如:①当电梯抵达最高层(如 10 层)时,轿厢内原有的所有选层指令将全部被消除;②如果较短时间里选层按钮被连续按下两次,则该选层被取消;③禁止反向登录,即电梯在上行动作中,如果电梯运行已经超过三层时,则三层以下的选层信号都不被响应。

7. 待载休眠

为了环保节能,电梯没有接收指令信号时或外部登记信号超过了一段时间之后,轿厢内的照明和通风系统会暂时休眠,在接收到指令信号或呼叫信号后,重新上电进行工作。

8. 电梯满载

当电梯处在非并联情况下的满载状态时,只对本梯内呼信号进行响应,其他所有的外呼信号皆不进行响应;但是当电梯在并联模式下工作时,满载的电梯不对外呼信号进行响应,并且由其他电梯进行响应。

9. 开门异常自动选层

当电梯因为受到外力或者其他故障阻碍没法使轿门正常打开时,即超过一定的时间没有打开门,电梯将会自动选择就近的楼层停靠并执行开门动作。

例如:①当电梯在第 5 层出现开门的故障时,电梯将上行并且自动选择到达 6 层停靠且开门;②当电梯在第 5 层出现开门的故障时,电梯将下行并且自动选择到达 2 层停靠且开门。

(三)系统的软件设计

1. PLC 电梯控制系统 I/O 接口设置表

单步 6 层电梯的 PLC 电梯控制系统 I/O 变量表如表 2-1-1、表 2-1-2 所示。

表 2-1-1 PLC 输入变量表

位号	(相对)地址	数据类型	数值	下限	上限
1 层上行呼梯按钮	I + 1.0	bool	FALSE	0	1
2 层上行呼梯按钮	I + 1.1	bool	FALSE	0	1
3 层上行呼梯按钮	I + 1.2	bool	FALSE	0	1
4 层上行呼梯按钮	I + 1.3	bool	FALSE	0	1
5 层上行呼梯按钮	I + 1.4	bool	FALSE	0	1
2 层下行呼梯按钮	I + 1.5	bool	FALSE	0	1
3 层下行呼梯按钮	I + 1.6	bool	FALSE	0	1
4 层下行呼梯按钮	I + 1.7	bool	FALSE	0	1
5 层下行呼梯按钮	I + 2.0	bool	FALSE	0	1
6 层下行呼梯按钮	I + 2.1	bool	FALSE	0	1
1 号梯轿内选层按钮 1	I + 2.2	bool	FALSE	0	1
1 号梯轿内选层按钮 2	I + 2.3	bool	FALSE	0	1
1 号梯轿内选层按钮 3	I + 2.4	bool	FALSE	0	1
1 号梯轿内选层按钮 4	I + 2.5	bool	FALSE	0	1
1 号梯轿内选层按钮 5	I + 2.6	bool	FALSE	0	1
1 号梯轿内选层按钮 6	I + 2.7	bool	FALSE	0	1
1 号梯轿内开门按钮	I + 3.0	bool	FALSE	0	1
1 号梯轿内关门按钮	I + 3.1	bool	FALSE	0	1
1 号梯光幕信号	I + 3.2	bool	FALSE	0	1
1 号梯检修信号	I + 3.3	bool	FALSE	0	1
1 号梯轿厢门锁信号	I + 3.4	bool	FALSE	0	1
1 号梯 1 楼层门锁信号	I + 3.5	bool	FALSE	0	1
1 号梯 2 楼层门锁信号	I + 3.6	bool	FALSE	0	1
1 号梯 3 楼层门锁信号	I + 3.7	bool	FALSE	0	1
1 号梯 4 楼层门锁信号	I + 4.0	bool	FALSE	0	1
1 号梯 5 楼层门锁信号	I + 4.1	bool	FALSE	0	1
1 号梯 6 楼层门锁信号	I + 4.2	bool	FALSE	0	1
1 号梯开门到位	I + 4.3	bool	FALSE	0	1

续表

位号	（相对）地址	数据类型	数值	下限	上限
1号梯关门到位	I+4.4	bool	FALSE	0	1
1号梯上平层信号	I+4.5	bool	FALSE	0	1
1号梯下平层信号	I+4.6	bool	FALSE	0	1
1号梯上端站第1限位	I+4.7	bool	FALSE	0	1
1号梯上端站第2限位	I+5.0	bool	FALSE	0	1
1号梯下端站第1限位	I+5.1	bool	FALSE	0	1
1号梯下端站第2限位	I+5.2	bool	FALSE	0	1
自动运行信号	I+5.3	bool	FALSE	0	1
1号梯当前载质量	IW+0	word	0	0	2 000

表2-1-2 PLC输出变量表

位号	（相对）地址	数据类型	数值	下限	上限
1层上行呼梯按钮指示灯	Q+2.0	bool	FALSE	0	1
2层上行呼梯按钮指示灯	Q+2.1	bool	FALSE	0	1
3层上行呼梯按钮指示灯	Q+2.2	bool	FALSE	0	1
4层上行呼梯按钮指示灯	Q+2.3	bool	FALSE	0	1
5层上行呼梯按钮指示灯	Q+2.4	bool	FALSE	0	1
2层下行呼梯按钮指示灯	Q+2.5	bool	FALSE	0	1
3层下行呼梯按钮指示灯	Q+2.6	bool	FALSE	0	1
4层下行呼梯按钮指示灯	Q+2.7	bool	FALSE	0	1
5层下行呼梯按钮指示灯	Q+3.0	bool	FALSE	0	1
6层下行呼梯按钮指示灯	Q+3.1	bool	FALSE	0	1
1号梯1层按钮指示灯	Q+3.2	bool	FALSE	0	1
1号梯2层按钮指示灯	Q+3.3	bool	FALSE	0	1
1号梯3层按钮指示灯	Q+3.4	bool	FALSE	0	1
1号梯4层按钮指示灯	Q+3.5	bool	FALSE	0	1
1号梯5层按钮指示灯	Q+3.6	bool	FALSE	0	1
1号梯6层按钮指示灯	Q+3.7	bool	FALSE	0	1
1号梯LEDa	Q+4.0	bool	FALSE	0	1
1号梯LEDb	Q+4.1	bool	FALSE	0	1
1号梯LEDc	Q+4.2	bool	FALSE	0	1
1号梯LEDd	Q+4.3	bool	FALSE	0	1

续表

位号	（相对）地址	数据类型	数值	下限	上限
1 号梯 LEDe	Q+4.4	bool	FALSE	0	1
1 号梯 LEDf	Q+4.5	bool	FALSE	0	1
1 号梯 LEDg	Q+4.6	bool	FALSE	0	1
1 号梯上行指示	Q+4.7	bool	FALSE	0	1
1 号梯下行指示	Q+5.0	bool	FALSE	0	1
1 号梯故障指示	Q+5.1	bool	FALSE	0	1
1 号梯照明指示	Q+5.2	bool	FALSE	0	1
1 号梯风扇指示	Q+5.3	bool	FALSE	0	1
1 号梯满载指示	Q+5.4	bool	FALSE	0	1
1 号梯电机启动信号	Q+5.5	bool	FALSE	0	1
1 号梯上行接触器	Q+5.6	bool	FALSE	0	1
1 号梯下行接触器	Q+5.7	bool	FALSE	0	1
1 号梯高速接触器	Q+6.0	bool	FALSE	0	1
1 号梯低速接触器	Q+6.1	bool	FALSE	0	1
1 号梯开门继电器	Q+6.2	bool	FALSE	0	1
1 号梯关门继电器	Q+6.3	bool	FALSE	0	1
1 号梯 1 级减速制动	Q+6.4	bool	FALSE	0	1
1 号梯 2 级减速制动	Q+6.5	bool	FALSE	0	1
1 号梯 3 级减速制动	Q+6.6	bool	FALSE	0	1
准备就绪信号	Q+6.7	bool	FALSE	0	1

2.电梯程序模块化设计

按照电梯的运行逻辑,我们可以对整个程序进行模块化处理,这样便于理解和记忆,并在此基础上,实现电梯的其他特殊功能和群控程序的编程与调试。

电梯控制程序主要包括电梯初始化模块、楼层计数及显示模块、电梯确定选向模块、自动开关门模块、停车制动模块等,依据电梯模块化编程方式,下面分别对这几个模块进行程序设计。

1)电梯的初始化模块

电梯在上电运行或重启时,控制程序需要进行必要的初始化工作,使电梯位于基站或目标层待命,并返回准备就绪信号以确认。初始化程序的流程图如图2-1-3所示。

以电梯初始化返回基站层(1层)为例,通常的做法是:

①PLC 捕获到电梯的自动运行信号后,低速向下行驶;

②当电梯到达下端站第一限位时,PLC 捕获到下端站第一限位的状态由 0→1,PLC 立马让电梯低速向上行驶;

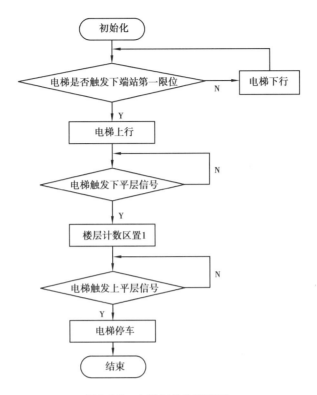

图 2-1-3　电梯初始化流程图

③当电梯上的上平层传感器状态由 0→1 时,电梯依次开始 1 级、2 级、3 级减速制动;

④当电梯上的下平层传感器状态也由 0→1 时,电梯停层,并设定当前楼层为 1 层,同时输出准备就绪信号。

向上初始化回 6 层同理。

需要注意的是:初始化过程中,需要对应开启上下行指示灯;初始化完成后,需打开风扇、照明,并用数码管显示当前楼层。

向下初始化的参考程序如图 2-1-4 所示。

2)楼层显示程序模块

根据电梯控制要求,电梯初始化以后停留在基站,同时初始化电梯楼层计数为 1 层。电梯上行时,上行接触器接通,结合电梯上行最先触碰下平层脉冲,故此时楼层计数器加 1;电梯下行时,下行接触器接通,当电梯触碰每层的上平层脉冲时楼层计数器减 1,并对计数结果显示。程序流程图如图 2-1-5 所示。

(1)楼层加 1

当电梯到达上端站限位开关时,电梯楼层数不再加 1。

(2)楼层减 1

当电梯到达下端站限位开关时,电梯楼层数不再减 1。

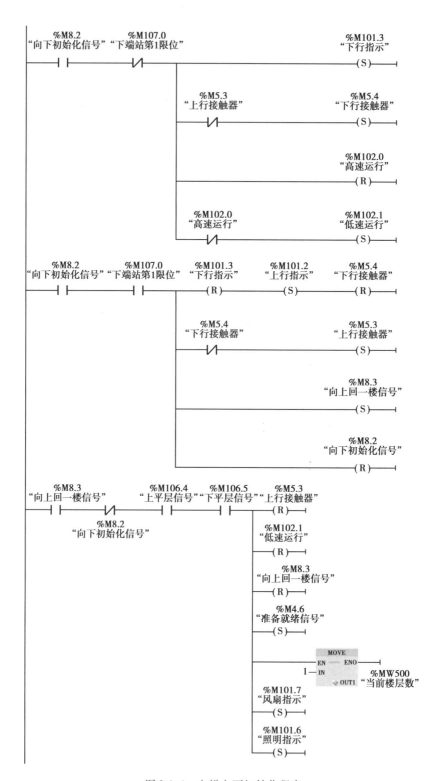

图 2-1-4 电梯向下初始化程序

开始
初始化结束
N
Y
楼层计数置1
上行
N
Y
N
下行
Y
下平层信号
上平层信号
楼层计数加1
楼层计数减1
楼层计数显示
返回

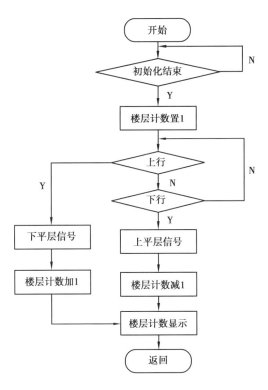

图2-1-5　电梯楼层显示程序流程图

%DB2.DBX4.7
"output"
准备就绪信号
%DB2.DBX2.7
"output"
"1号梯上行指示"
%DB1.DBX3.5
"input"
"1号梯上平层信号"
%DB1.DBX3.6
"input"
"1号梯下平层信号"
%DB1.DBX3.7
"input"
"1号梯上端站第1限位"
INC
Int
EN
ENO
P
%M108.3
"电梯下平层信号上升沿"
%MW60
"电梯当前楼层"
IN/OUT
%M100.0
"自动运行标志"

图2-1-6　电梯楼层数加1程序

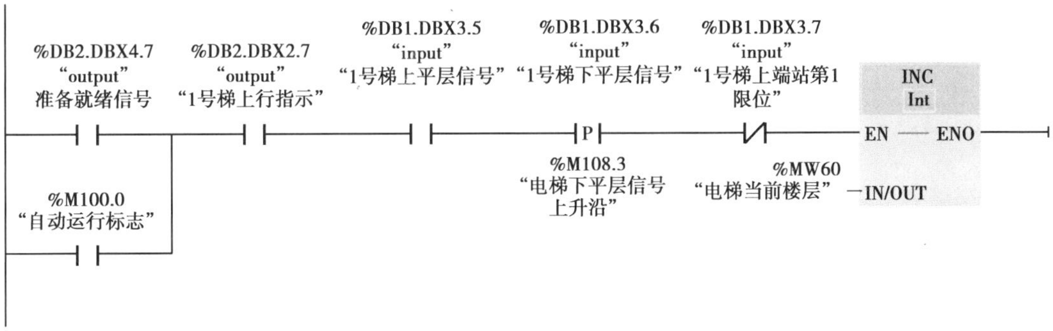

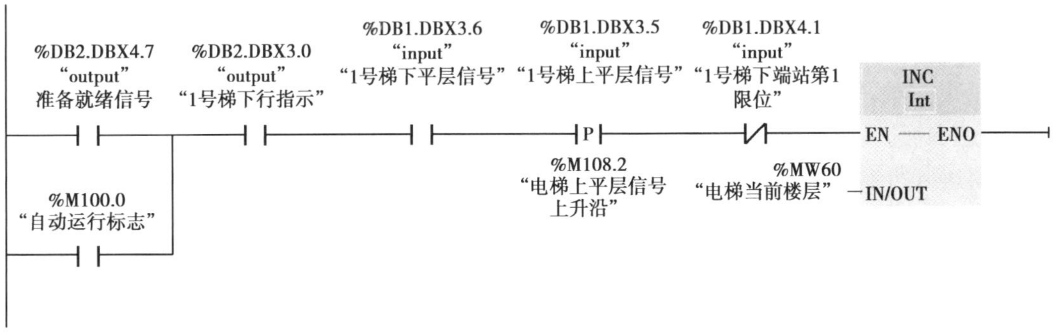

%DB2.DBX4.7
"output"
准备就绪信号
%DB2.DBX3.0
"output"
"1号梯下行指示"
%DB1.DBX3.6
"input"
"1号梯下平层信号"
%DB1.DBX3.5
"input"
"1号梯上平层信号"
%DB1.DBX4.1
"input"
"1号梯下端站第1限位"
INC
Int
EN
ENO
P
%M108.2
"电梯上平层信号上升沿"
%MW60
"电梯当前楼层"
IN/OUT
%M100.0
"自动运行标志"

图2-1-7　电梯楼层数减1程序

（3）楼层数的显示

一般楼层显示用共阴极的七段码实现,有两种实现方式。第一种实现原理就是将要显示的楼层数字用数码管画出来,如在 1 层时,要显示数字 1,则点亮 7 段码中的 b,c 段的发光二极管;显示数字 2,只要点亮 a,b,d,e,g 这 5 段发光二极管即可。程序实现如图 2-1-8 所示。

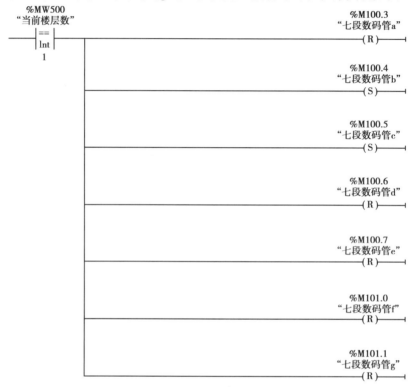

图 2-1-8　楼层显示程序方式 1

采用这种方式的优点是易于理解,缺点是输出线圈重复率高。

第 2 种方式是以数码管的 7 个发光二极管为对象,综合优化数字 1~6 的显示特点,当楼层数字用到某个发光二极管时,点亮该二极管。具体的实现方式如图 2-1-9 所示。以发光二极管 a 为例,在 1~6 楼层中,当要显示 2、3、5、6 这 4 个数字时,发光二极管 a 都要点亮。

3）轿内按钮呼梯（内呼）信号程序模块

当乘客进入轿厢中时,按下目的楼层按钮,对应的按钮指示灯亮,轿内按钮呼梯信号登记。电梯到达目的楼层时,呼梯信号消号,对应的按钮指示灯灭。参考程序如图 2-1-10 所示。

由于电梯在 1 层时只能上行,在 6 层时只能下行,所以这两个楼层在呼梯信号消号时,不需要考虑电梯运行的方向。2~5 层,在电梯消号时,无论电梯是上行还是下行,对于轿内呼梯信号,到达目的楼层时,电梯都应该停梯。

4）厅外按钮呼梯（外呼）信号程序模块

厅外按钮呼梯信号,和电梯的运行方向有关。厅外呼梯按钮分为上行按钮和下行按钮,当按下上行按钮时,只有电梯在上行的过程中,当到达该楼层时,电梯才会响应该按钮呼梯信号,此时电梯停梯、开门。当电梯下行时,由于电梯运行的方向和按钮所代表的方向不一致,此时,当电梯到达该楼层时,电梯不会停梯响应该呼梯信号。

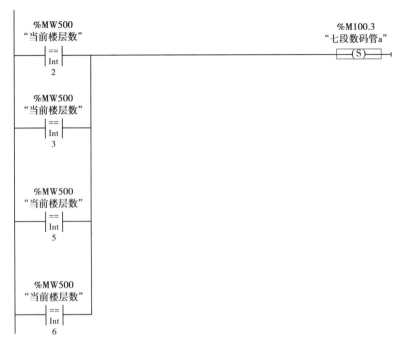

图 2-1-9　楼层显示实现方式 2

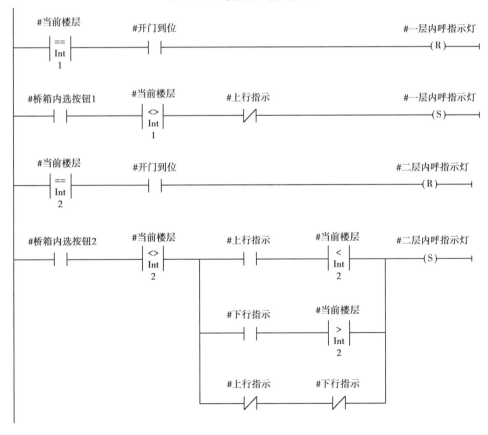

图 2-1-10　轿内呼梯信号程序模块

2 层厅外呼梯程序如图 2-1-11 所示。

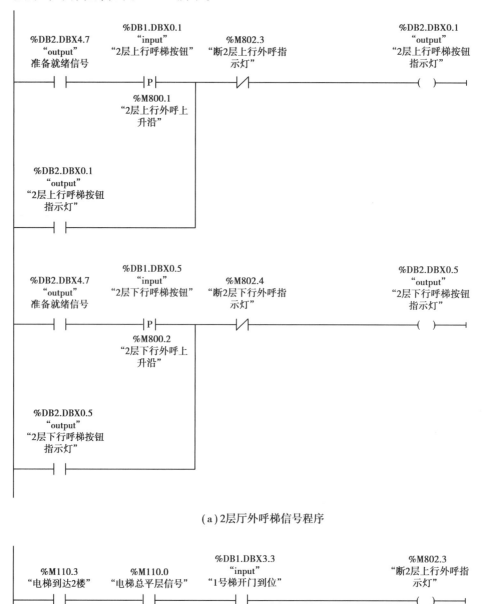

（a）2层厅外呼梯信号程序

（b）2层厅外呼梯信号的程序

图 2-1-11   2 层厅外呼梯信号的程序

需要说明的是 1 层和 6 层，由于只有 1 个运行方向，所以厅外呼梯信号程序可以不考虑电梯运行的方向。

综合考虑内呼和外呼信号，对电梯呼梯信号做统一标识，以 3 楼为例，参考程序如图 2-1-12所示。

1 层和 6 层只有 1 个外呼按钮，其余楼层程序类似于图 2-1-12 所示。

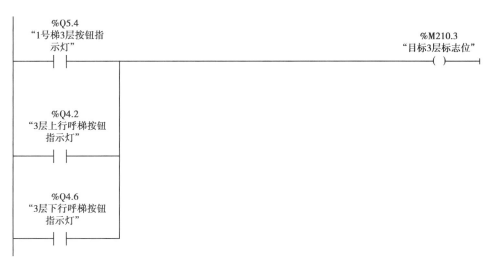

图 2-1-12　综合考虑内呼和外呼的参考程序

5）自动定向程序模块

电梯自动运行时,当内选信号或者厅层外呼信号出现的时候,电梯能够通过对当前所在楼层位置与出现呼梯信号的楼层位置比较,自动确定是向上运行还是向下运行。

程序流程图如图 2-1-13 所示。

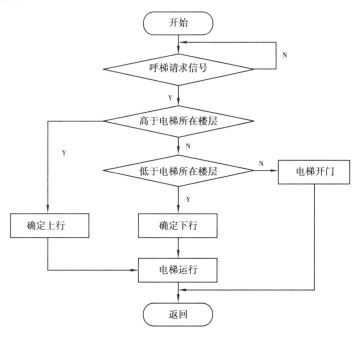

图 2-1-13　电梯自动定向程序流程图

电梯自动定向的参考程序如图 2-1-14 所示。

如图 2-1-14（a）所示,电梯停在 1 层时,当 2～6 层有呼梯信号时,此时电梯只能上行,上行指示灯置位。

如图 2-1-14（b）所示,电梯停在 2 层时,如果 3～6 层有呼梯信号时,电梯上行,上行指示灯置位。当 1 层有呼梯信号时,电梯下行,下行指示灯置位。

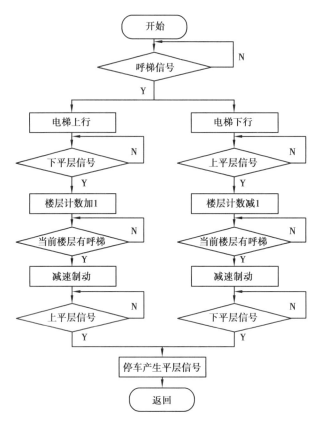

图 2-1-17　电梯制动程序流程图

7）电梯平层停车程序模块

电梯在接近目的楼层时低速制动运行，当上平层开关和下平层开关同时动作时，电梯停止运行，上行或下行方向指示灯复位，上行或者下行接触器断开。呼梯按钮指示灯灭，呼梯信号消号。参考程序如图 2-1-19（a）所示。

在图 2-1-19（b）中，当上行接触器或者下行接触器复位，置位上行接触器或者下行接触器断开标志位，经过短暂延时，该标志位必须复位。同样，当电梯制动停梯时，必须制动标志位必须复位，这样才能保证电梯可靠地响应后面的呼梯信号。

8）电梯自动开关门程序模块

电梯平层停梯后，电梯开门，乘客出入轿厢。电梯关门，准备下一次启动运行。

电梯停在各个楼层平层位置的时候，应该结合电梯轿厢门的情况、内外呼梯信号以及光幕信号等，合理地开关门。比如电梯门还未全部关闭，若检测到有光幕信号，应该优先向响应开门信号，打开电梯门；当电梯平层开门后，延时关闭；按住开门按钮不放，电梯保持开门状态。

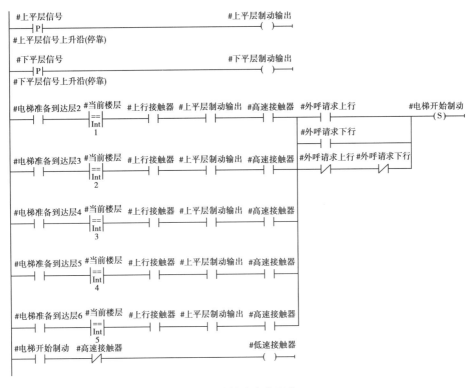

（a）电梯制动命令程序

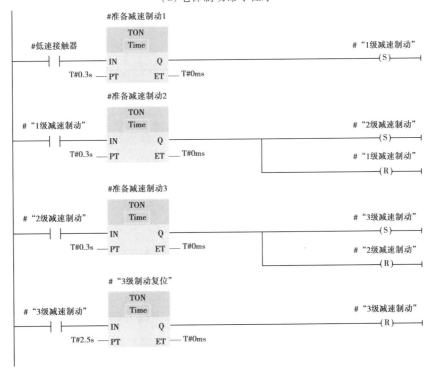

（b）电梯三级制动程序

图 2-1-18 上行制动程序模块

99

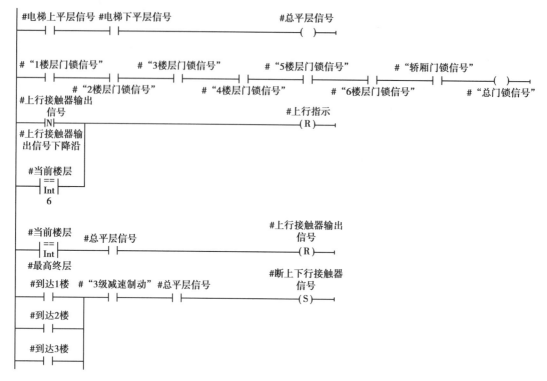

（a）方向指示灯、上行接触器复位程序

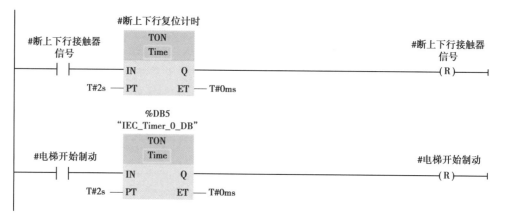

（b）制动接触器复位

图 2-1-19 制动停梯程序模块

电梯开门条件是：

①电梯自动运行到平层位置时，自动开门；

②电梯停在某个楼层待梯，当该楼层有外呼信号时，电梯开门；

③电梯按下开门按钮时，电梯开门；

④电梯在关门过程中，光幕信号触发，电梯开门；

⑤电梯在超载情况下电梯开门。

结合以上条件，基本的开门参考程序如图 2-1-20 所示。

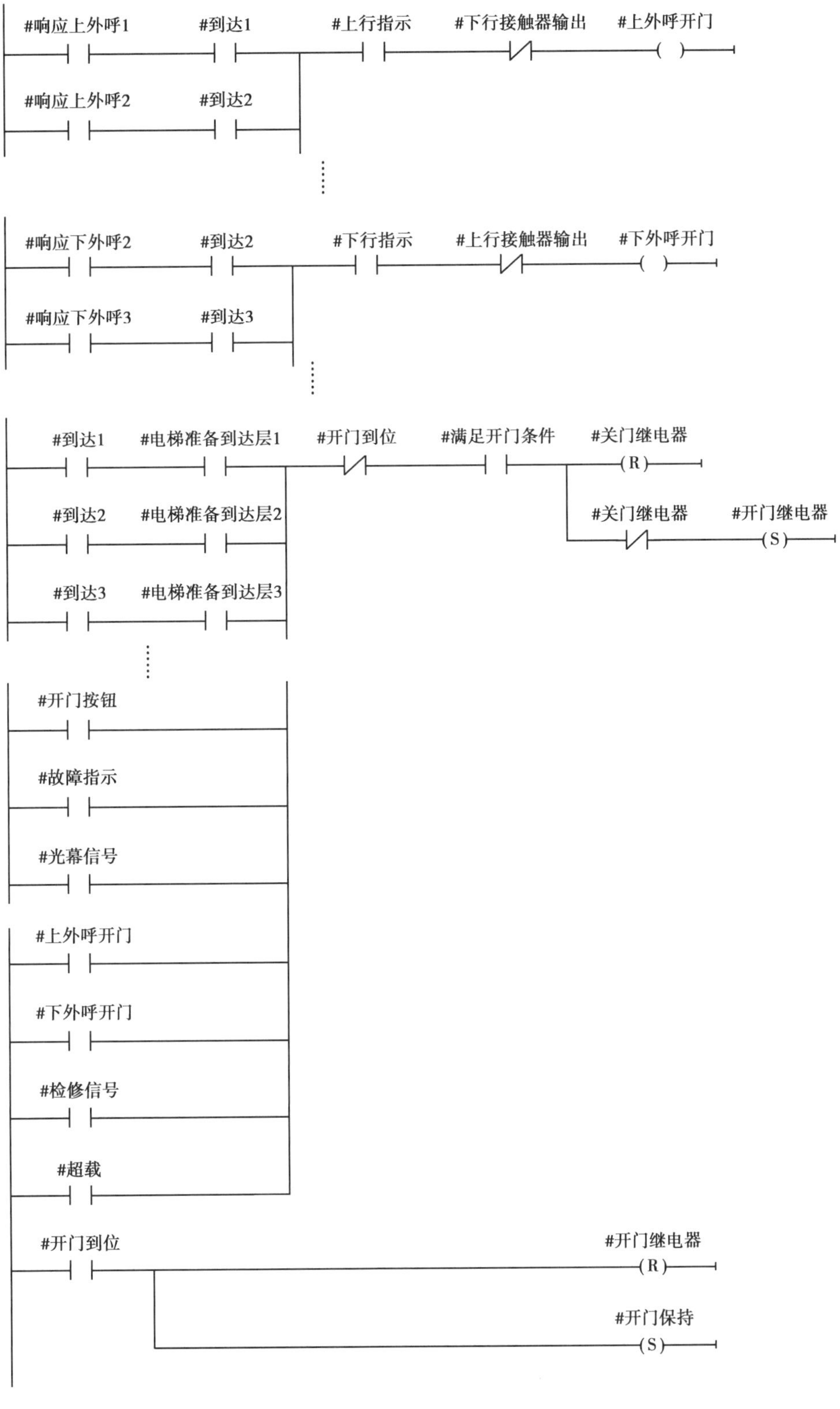

图 2-1-20　电梯开门程序模块

电梯关门条件是:

①电梯开门保持时间到,电梯自动关门;

②轿内下关门按钮,电梯关门。

电梯关门的参考程序如图 2-1-21 所示。

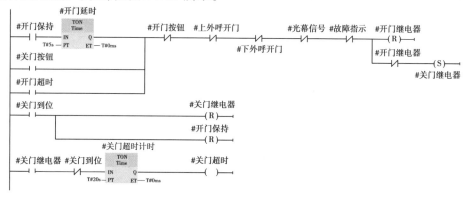

图 2-1-21　电梯关门程序

9)其他辅助功能程序

在电梯的运行过程中,还有其他特殊情况,如电梯休眠、轿厢照明和风扇控制、电梯超载、端站保护等。参考程序如图 2-1-22 所示。

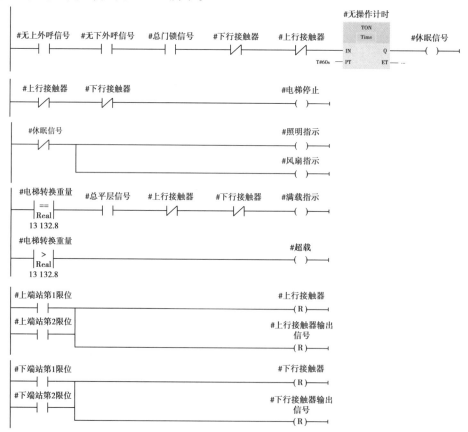

图 2-1-22　其他辅助功能程序

四、任务实施

①按照电梯控制程序功能模块,分别完成各模块的程序编程与调试;

②在模型电梯上,验证程序。

表 2-1-3　电梯程序编程评价表

考核项目	考核要求	配分	评分标准	扣分	得分	备注
电路设计	根据任务,设计主电路图,列出 PLC 控制 I/O(输入/输出)元件地址分配表,根据加工工艺,设计梯形图及 PLC 控制 I/O 口接线图,根据梯形图,列出指令表	20	1.电路图设计不全或设计有错,每处扣 2 分 2.输入输出地址遗漏或搞错,每处扣 1 分 3.梯形图表达不正确或画法不规范,每处扣 2 分 4.接线图表达正确或画法不规范,每处扣 2 分 5.指令有错,每条扣 2 分			
程序编写及调试	熟练操作 PLC 键盘,能正确地将所编程序输入 PLC,按照被控设备的动作要求进行模拟调试,达到设计要求	60	1.不会熟练操作 PLC 键盘输入指令,扣 2 分 2.不会用删除、插入、修改等命令,每项扣 2 分 3.缺少 1 个动作功能,扣 8 分			
文明操作	规范操作设备	20	不按规定要求操作设备,每次扣 5 分,扣完为止			

五、任务评价

任务完成后,教师组织学生进行分组汇报,并给予评价。

六、问题与思考

①完成下行自动定向的程序;

②根据电梯开门条件,编写完整的电梯开门程序。

七、拓展知识

(一)S7-1200PLC

S7-1200 系列 PLC 是西门子近年来比较新型的中小型工业控制器,可以适应不同的应用环境,如今在很多行业有广泛的应用。S7-1200PLC 把处理器、集成电源、输入和输出电路、PROFINET 接口、高速运动控制 I/O 以及带有模拟量的信号板组合到一个设计紧凑的整体模块,从而形成了功能强大的控制器。它组态方便而且具有功能强大的指令集,可用于控制各种各样的设备。CPU 主要是根据用户逻辑程序和输入状态更改输出。用户程序可以进行逻辑判断、定时、复杂数学运算等,并可以同其他设备通信。S7-1200PLC 主要有以下特点:

1. 紧凑的模块化结构

S7-1200 系列 PLC 同 S7-200 一样,也是紧凑式结构,其中 CPU1214C 宽只有 110 mm。可以最大限度地节省紧凑模块化系统的空间。这样可以在安装过程中比较灵活方便。另外,S7-1200 增加了一个镶嵌在 CPU 箱体上的信号板,它是特殊结构的 IO 模块,包括 2DI/O 和 1AO。其实这正是西门子公司设计的精髓,因为中小型工程的特点就是不确定性,在工程实施中经常会碰到数字信号点数和模拟输出通道不够用,而模拟输入通道一般比较富余,这时就可以定制信号板满足急需补充的信号模块。

2. 经典的编程模式

S7-1200 既可以用 SIMATIC STEP 7 Basic 编程,也可以用 STEP 7 Professional 组态编程。S7-1200 的编程工具有 LAD 和 FBD 两种编程语言,包含 OB 组织块、FB 功能块、FC 功能函数、DB 数据块,而且通过背景 DB 块能够实现功能块参数化的调用,其编程风格与西门子其他产品保持统一。

3. 复杂的数据结构

S7-1200 的数据结构是由数组、结构等多元素组成的数据单位,而大多数低端 PLC 的编程语言都是采用扁平式数据类型来组成复杂数据结构,有 BOOL、INT、WORD、DWORD、REAL 等。在继承了 S7-300/400 中高端 PLC 具有的数据结构后,S7-1200 的使用更加灵活。

4. 指令参数的多态性

西门子 PLC 以前的编程指令都是通过数据类型分类,例如加、减、乘、除数学运算的指令,不同的数据类型就是不同的指令。从 S7-1200 编程开始,不再区分数据类型,只是简单地调用功能块,当其放在程序段时再选择所需的数据类型,这就轻松实现了参数的多态性。

5. 通信方便

西门子 S7-1200 小型 PLC 具有集成 PROFINET 接口,能够通过以太网通信,还能使用附加模块通过 PROFIBUS、GPRS、RS485 或 RS232 进行通信。由于具有集成功能强大、扩展性灵活的特点,S7-1200 可以比较容易地在各种工业控制中实现通信。

(二)TIA Portal 软件

TIA Portal 是西门子公司重新定义自动化的概念、平台以及标准的自动化工具平台。作为一套全集成自动化软件,TIA Portal 是行业内最先将工程组态与软件项目环境统一起来的自动化软件,可以应用到大部分自动化任务。相较传统方法花费许多时间去集成多个软件包,TIA Portal 大大降低了时间和经济成本,是今后工业自动化领域的发展方向。TIA Portal 包括两部分:STEP 7 与 WIN CC。

集成的 STEP 7 相较以前独立的 STEP 7 有一定的区别,可以对最新的 S7-1500 和 S7-1200 编程,还能给 S7-300/400 编程,分别有 2 个版本:SIMATIC STEP 7 Basic 和 SIMATIC STEP 7 Professional。其中,Basic 版只用于新型的 S7-1200,而 Professional 版适用于 S7-1200/1500、S7-300/400。它与以前的 STEP 7 编程方式有些不同,特别是在寻址方式上。

WIN CC:集成的 WINCC 具备了 Win CC_flexible 和 WINCC 功能,就是该软件既能编程触摸屏又能编程上位监控。它也具有多个版本,包括 Win CC Basic、Win CC comfort、Win CC Advanced 和 Win CC Professional。这些版本功能从低到高,应用项目也是由简到繁,例如 Win CC Basic 主要是组态精简面板,而 Win CC Professional 则可以使用 Win CC Runtime Advanced 或 SCADA 系统 Win CC Runtime Professional 组态面板或者 PC。可以满足不同应用项目的使用。

与通常的 Win CC 功能一样,Win CC Advanced 和 Win CC Professional 项目结构主要包括画面、HMI 变量、连接设置、HMI 报警、配方、历史数据、脚本、报表、用户管理器等。画面管理用于设置全局或模板画面,画面选项则专门创建各个运行画面,并对监控画面中的各个对象进行编辑和属性设置;HMI 变量是创建管理监控运行系统的内部变量或建立与 PLC 相连的过程值变量,所有变量的增删改查都在这里完成;连接设置则用来编辑监控系统与下位机的连接通道;HMI 报警主要用来归档报警变量,并对其设置不同的消息类别,实现不同类型的报警信息;配方主要用于不同工业现场中工艺配方的设置,通过其功能可以方便快速地建立工艺配方的过程控制;历史数据可以对过程变量进行周期性采集归档,并通过曲线列表来显示;全局脚本作为上位机的编程语言,包括 C 和 VB 两种语言;报表编辑器用于编辑报表的布局;用户管理器主要用来添加和删除登录的用户,并为不同的用户设置不同的权限。TIA Portal 强大的集成特性使得模拟调试具备很大优势,能够在一个工程里同时仿真人机和 PLC 程序通信,效果更好。

任务二　电梯的 PLC 群控系统的编程与调试

一、任务目标

①熟悉电梯群控系统的控制原则;
②熟悉电梯群控系统的评价指标。

二、任务描述

电梯目前已成为现代社会智能化建筑中必不可缺的重要一环,在商业圈、写字楼、住户区等高楼层建筑中应用广泛。随着城市化建设不断推进以及生活水平的不断提高,建筑楼层变得越来越高,人们对于电梯智能化以及精准化控制提出了新的需求。在有限的空间与时间内合理安排电梯的接待顺序,可以有效提高接待乘客数量、减少乘客的平均等待时间、减少乘客平均乘梯时间、降低系统整体能耗。

本任务着重讲述电梯群控系统的控制原则和评价指标。

三、相关知识

(一)电梯群控系统的概念

2 台电梯共同控制时,叫并联电梯。并联控制时,两台电梯共同处理层站呼梯信号。并联的各台电梯相互通信、相互协调,根据各自所处的层楼位置和其他相关的信息,确定一台最适合的电梯去应答每一个层站呼梯信号,从而提高电梯的运行效率。

3 台以上的电梯共同控制时,叫群控电梯。群控是指将两台以上电梯组成一组,由一个专门的群控系统负责处理群内电梯的所有层站呼梯信号。群控系统可以是独立的,也可以隐含在每一个电梯控制系统中。群控系统和每一个电梯控制系统之间都有通信联系。群控系统根据群内每台电梯的楼层位置、已登记的指令信号、运行方向、电梯状态、轿内载荷等信息,实时将每一个层站呼梯信号分配给最适合的电梯来应答,从而最大限度地提高群内电梯的运行效率。群控系统中,通常还可选配上班高峰服务、下班高峰服务、分散待梯等多种满足特殊场合使用要求的操作功能。

电梯群控系统是整个电梯群控的核心。第一方面,它能够根据电梯的实际位置、电梯的方向、轿厢负荷、客流等因素,采集外部呼叫信号,对轿厢外的信号进行合理分配,并将外部信号发送到电梯控制模块。第二方面,电梯群控模块接收用户信息,根据需要设置参数和增减功能,并对外输出电梯相关信息供用户查询和监控。电梯群控模块的核心任务是协调优化电梯群控调度。一旦按下呼叫按钮,电梯群控模块立即登上呼叫请求,根据群控算法判断最优调度,并决定哪个电梯将服务。当电梯到达楼层站时,楼层站的呼叫请求被取消,表示请求已被应答。电梯群控系统调度策略与乘客平均等待时间、平均等待时间、长等待率、系统能耗等性能指标密切相关,直接影响电梯群控系统的服务质量和服务质量。因此,群控调度策略是电梯群控系统的核心。

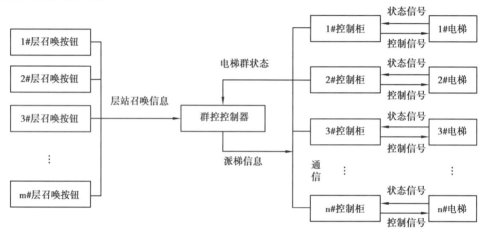

图 2-2-1　电梯群控系统结构

控制器可以用于实现电梯群控算法,具体过程为:在安装多部电梯的建筑物内,除了最低层只有上行外呼按钮和最高层只有下行外呼按钮外,每层都有上、下行外呼按钮。处于任一楼层的乘梯人员在按下当层相应的呼梯按钮后就生成外呼信号。乘梯人员在进入轿厢后按下自己要去的目标层按钮后就生成内部选层即预停站信号。电梯群控系统根据厅外召唤信息的数量,结合每部电梯载客人数、预停站次数等情况从而自动地选调电梯依次去响应,使电梯群处于合理分配状态,其调度原则显然比两部电梯并联调度情况复杂。但无论是两部电梯的并联调度还是电梯群组的统一控制调度,其运行原理及目的都是控制器合理地分配电梯群组中最有效的一部电梯去响应某一楼层的外呼召唤信号,达到缩短乘梯人员候梯时间以及节约能源等,从而提高运行效率和服务质量。

(二)电梯群控系统的特点

单个电梯在运行过程中目的明确,仅仅在规定的轨道内进行循环往返,群控电梯与单个电梯最大的区别就是群控电梯具有目的不明确性,而且各个目的有复杂关系,错综复杂。

1.电梯群控系统多目标性

电梯群控是多台电梯为乘客提供服务的,如何调度是一个非常复杂的问题,而且在时间和空间上都是离散的。因此,群控系统具有多目标,主要有以下几个:

(1)平均候梯时间

平均候梯时间:乘客按下呼梯按钮,呼梯信号传送至 PLC,PLC 派电梯响应并到达乘客所在楼层所用时间的平均值。该值是个统计量,是所有乘客等候电梯时间的平均值。候梯平均时间是反映电梯性能的一个重要指标。30~60 s 是乘客候梯最佳时期,应尽可能地减少。

（2）长时间候梯率

长时间候梯是指乘客等候电梯时间超过 1 分钟,长候梯率通常是指长候梯的概率。应最大限度地减少候梯时长,尽量降低长候梯率。

（3）平均乘梯时间

平均乘梯时间是指从乘客进入电梯后开始计时,到达目的层后离开电梯所用时间的平均值。乘梯时间过长会导致乘客心里不舒服、易烦躁。如果乘梯时间超过 1.5 分钟,乘客就会极度不耐烦,所以乘梯时间应该限制在一定时间之内。

（4）系统能耗

系统能耗是以电动机消耗的能量为主。电梯加减速消耗的电能远远高于匀速运行时的耗能。对于整个系统而言,电梯型号一经确定,单个电梯每次加减速消耗的能量就确定了。因此电梯群控系统要合理安排与调度每一次派梯,尽量减少起停次数,减少少载情况,提高电梯利用率,也可以延长电梯使用寿命。

（5）客流输送能力

高层建筑里面的交通工具主要是电梯,如果输送能力不足,将导致乘客拥挤、烦躁等不良后果。特别是在客流量较大的时期,需要通过电梯迅速将乘客分散至各个楼层,强大的客流输送能力是电梯系统的基本保障,这样才不会影响人们的正常生活。

（6）轿厢内拥挤度

电梯系统应该给乘客足够的空间,如果在轿厢太过拥挤的话,就会大大降低乘客的舒适度,所以乘客密度需控制在一定范围内。

（7）预测轿厢到达时间

几乎所有电梯系统都会在建筑物的门厅上安装显示屏,显示轿厢到达的具体楼层。如果看不到轿厢的实时位置,乘客也会出现烦躁心理,会影响电梯的整体效果。

这七个方面存在一定的矛盾性,例如想要提高效率,轿厢有可能就会拥挤,因此,解决这一问题的关键是个综合型的问题,需要相互协调,找到相对平衡的一个点。

2. 电梯群控系统的非确定性

电梯运行过程中会有很多不可预知的因素,大致可分为以下几个方面:

（1）乘客的数量不确定

电梯接到呼梯信号后,只能到达呼梯楼层,但是具体的呼梯人数是不确定的,这就是一个随机变量。

（2）呼梯信号的楼层不确定

因现代化建筑很高,同时呼梯的情况经常发生,所以呼梯楼层也不确定。

（3）呼梯者的目的楼层不确定

时间不同,人流量不同,乘客的目的楼层也无法预测,只能等到乘客进入电梯并按下目的层才能获取目的层的信号。

3. 电梯群控系统的其他特性

（1）电梯群控系统的非线性

电梯群控在实际运行中有一定的非线性,例如,对于相同的呼梯信号,在不同时间下,派梯有一定的不同。主要因为轿厢数量有限,如果有超载情况,轿厢会在呼梯楼层不停站直接通过。

（2）电梯群控系统的扰动性

电梯群控在实际运行中无可避免地会受到各方面的干扰,例如:由于乘客疏忽按错了呼梯按钮,这样就会造成电梯不必要的停站,还有一些人为的因素,如故意在轿厢内按下很多呼梯信号等。

（3）电梯群控系统的信息不完备性

电梯群控系统说涉及的信息量很庞大,出现的信息经常不准确。轿厢外人数无法预知,乘客所要去的楼层不明确,还有很多时候的呼梯按钮是不小心错按的等。

这几个方面的信息综合说明了电梯群控系统是一个非常复杂的系统。

（三）群控电梯工作运行中的合理配置

让系统能够实现最优派梯,就必须明确电梯的具体参数、客流量的分配和建筑物内部结构。建筑物有不同的用途,其客流量也不同,对不同建筑内各个特点以及客流量的分析是合理选择电梯配置的基础。电梯的基本参数在电梯出厂时基本固定或者是可以观测的。客流量是个难点主要是因为它无法预测,但是也存在一定的规律性,比如建筑物内的人们工作时间是一定的,他们会按时上下班,此时使用电梯有一定的规律性。在同一类建筑内,因其不一样的使用情况、不同的作息时间以及天气变化带来的影响等,客流量会出现极大不同。客流量会影响建筑物内电梯的工作方式和运行状态,这些不确定性是电梯在控制方面的难点。

一般情况下,在建筑物内,根据对客流量的分析,按照其实际情况,电梯群控交通模式大体可分为五个,分别为上行高峰交通模式、下行高峰交通模式、平衡的层间交通模式、两路交通模式、空闲交通模式。

1.上行高峰交通模式

在上行高峰交通模式下,绝大多数乘客都是经建筑物的底层也就是基站进入电梯。这是因为大部分乘客上班而形成的上行高峰,乘客几乎都是从门厅出发,乘坐电梯到达某一层后离开。

2.下行高峰交通模式

在下行高峰交通模式下,绝大多数乘客由高层运行至基站,这是因为大部分乘客下班而形成的上行高峰,乘客几乎都是乘坐电梯到达门厅后离开。

3.平衡的层间交通模式

平衡的层间交通模式主要出现在上班期间,其主要特点就是向下或向上的人大致一样,各层间的交通达到均衡。

4.两路交通模式

在两路交通模式下,客流不是从门厅来,也不是到门厅去,而是从某一层来或者到某一层去。

5.空闲交通模式

在空闲交通模式下,各楼层间的乘客很少,不需要使用全部电梯。这种情况多出现在上班前和下班后以及节假日期间。

（四）电梯群控系统的软件设计

1.电梯群控系统算法设计评价指标

电梯群控算法包括函数计算、策略与规则,主要实现包括呼梯处理全部模块、呼梯到达时间计算、呼梯分配过程等。最长候梯时间不应超过30 s,单部电梯不应超过60 s。客流交通状况主要通过一些能反映建筑物内交通特征数据来表示,如单位时间内进入呼梯登记人数、离开呼梯登记人数、建筑物内总客流量、层间客流最大层比例。对于各种客户需求,根据其客流量分布特点可以把客流交通状况分成以下几种主要模式:上行高峰交通模式、下行高峰交通模式、常客模式和空闲交通模式。电梯的客流交通模式决定了电梯群控系统调度策略。电梯运行最重要是安全性,还要考虑乘客生理和心理承受能力。

(1)平均候梯时间 AWT

平均候梯时间是指一段时间段内,所有乘客的候梯时间的平均值,是评定电梯控制系统的性能的重要指标。影响平均候梯时间的主要因素是:乘客到达率、轿厢的剩余空间。当轿厢的剩余空间较小时,电梯可能没有足够的剩余容量来承载新的乘客,会使乘客的候梯时间大大加长。其计算公式为:

$$AWT = \frac{\sum\limits_{i=1}^{n} WT(i)}{n(i = 1,2,\cdots,n)}$$

其中,候梯时间 $WT(i)$ 是指位于某楼层的乘客 i 从按下外呼信号起,到电梯到达该楼层,并响应其呼梯信号的时间。

(2)最小候梯时间 Time(min)

$$Time(min) = LT_s + KT_d$$

其中,K 为当前楼层到目标楼层运行过程中所有内呼和外呼指令之和,并且当外呼与内呼楼层相同时,只计算一个;T_d 为厅站所需上下客人时间加上电梯完成一次停站所需额外的加减速时间之和;T_s 为电梯路过不需要停靠层一层所需的时间;L 为路过的楼层数。

(3)长时间候梯率 LWP

一般来说候梯时间小于 60 s 是可以接受的,而当候梯时间大于 90 s 时,乘客心里会很烦躁。因此,把一定时间内候梯时间超过 90 s 的乘客占总乘客的百分比称为长时间候梯率。影响长时间候梯率的主要因素是:电梯召唤的频繁程度、长候梯时间和轿厢的剩余容量。

(4)电梯能耗 RNC(k)

电梯能耗一般和运行过程中的两个因素有关,一是电梯起停的次数,二是轿厢乘客的总重量。

$$RNC(k) = \sum\limits_{i=1}^{n} f_e(i,k)(i = 1,2,\cdots,n)$$

其中,$f_e(i,k)$ 为电梯 k 响应第 i 个外呼信号时所需启动/停靠的次数。

性能评价指标用来衡量控制系统算法的好坏。因此,选择一个客观合理的系统性能评价指标对于判断控制算法的效果就比较重要。群控系统性能评价指标主要包括:平均候梯时间、长时间候梯率、平均乘梯时间、厢内拥挤度与能量损耗等。对于乘梯人员来说,能以最小的候梯时间派来电梯并用最小的乘梯时间达目的层最为重要。因此,一般采取平均候梯时间短、平均乘梯时间短和能量损耗少为群控系统的控制优化目标。故群控调度算法事实上就是一个综合评价函数:

$$Y_i = w_1 AWT(i) + w_2 Time(min)(i) + w_3 RNC(i)$$

其中,Y_i 表示第 i 部电梯的综合评价指标,值越大越先作为派梯对象。

权系数 w_i 表示对评价指标侧重的不同,满足 $0 \leqslant w_i \leqslant 1, w_1 + w_2 + w_3 = 1$。其中,值越大表

明该输出受该变量的影响程度越大。例如随着交通强度增大,客流密度变大,这时电梯的输送能力就要随之提高,而对能量消耗低的要求则随之降低,所以侧重系统能耗小的权系数 w_3 在交通强度变大时而减小。一般来说,交通强度对系统能耗小影响比较大,而变化的交通类型对候梯时间短、乘梯时间短影响比较大。通过调整综合评价函数的权系数可以实现不同交通模式下控制目标的优化,这样才能改善群控系统运行效率。

2. 电梯群控系统的调度原则

群控调度原则,有以下三个研究方向:

(1)区调度原则

分区调度可利用动态分区和固定分区两种方法实现。由于电梯各层站呼梯的随机性,固定分区的调度方法将导致电梯忙闲不均,运作效率较低。而动态分区虽然解决了电梯忙闲不均的问题,但各区域范围和数目取决于电梯当前位置、运行方向,算法较复杂,且无法准确预测其响应召唤的时间,不能合理分配。

(2)小候梯时间调度原则

根据各电梯所产生的呼梯信号,预测各电梯响应呼梯的时间,从中选择时间最短的电梯响应呼梯信号。

(3)最短距离调度原则

计算当前电梯位置与外呼信号位置之间的距离,选取距离最小的电梯响应呼梯信号,未考虑内呼信号对群控调度的影响。

3. 电梯群控系统软件设计流程图

一般电梯群控系统的软件设计,按照图 2-2-2 所示进行编程。

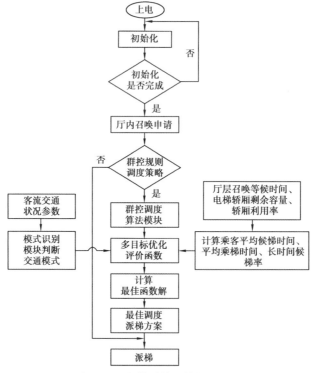

图 2-2-2　电梯群控系统的流程图

四、任务实施

①根据软件设计原则和综合评价指标函数,编写2台电梯的并联控制程序。

②在模型电梯上验证调试程序。

表2-2-1　电梯程序编程评价表

考核项目	考核要求	配分	评分标准	扣分	得分	备注
电路设计	根据任务,设计主电路图,列出PLC控制I/O(输入/输出)元件地址分配表,根据加工工艺,设计梯形图及PLC控制I/O口接线图,根据梯形图列出指令表	20	1.电路图设计不全或设计有错,每处扣2分 2.输入输出地址遗漏或搞错,每处扣1分 3.梯形图表达不正确或画法不规范,每处扣2分 4.接线图表达正确或画法不规范,每处扣2分 5.指令有错,每条扣2分			
程序编写及调试	熟练操作PLC键盘,能正确地将所编程序输入PLC,按照被控设备的动作要求进行模拟调试,达到设计要求	60	1.不会熟练操作PLC键盘输入指令,扣2分 2.不会用删除、插入、修改等命令,每项扣2分 3.缺少1个动作功能,扣8分			
文明操作	规范操作设备	20	不按规定要求操作设备,每次扣5分,扣完为止			

五、任务评价

任务完成后,教师组织学生进行分组汇报,分析评价指标并给予评价。

六、问题与思考

①电梯群控的评价指标有哪些?

②一般电梯群控系统由哪几个部分组成?

七、拓展知识

随着设备制造工艺及控制手段的飞速进步,乘客对于电梯乘坐满意度的要求越来越高,而电梯控制系统决定着乘坐电梯的各项体验指标。如何决策出最佳的派梯方案,使得电梯群的整体性能始终处于较高的水平,是需要不断深入、精益求精地来研究问题。为此,电梯控制领域的研究人员不断地将各项新技术及新成果应用于电梯控制系统,改良电梯的控制策略,提高电梯系统的智能化程度,主要集中在群控调度算法的研究,包括以下几个方面:

（1）基于专家系统的调度算法

专家系统控制原理是利用规则比较所有可能的派梯方式，最终选出能够提高乘客运输能力且减小候梯时间的最佳路线。因为这种方式在层间交通模式下可以在较大范围内计划路线，故其仅适用于层间模式，不太适用于高峰模式。该方式提高了系统控制的灵活性，但也存在控制过程太过依赖于知识源，特别会受知识源全面性的影响。

（2）基于模糊逻辑的调度算法

模糊逻辑的优势是能够相对自然地处理人类模糊语言的概念，可以精确控制信息不完全的系统。虽然大多数提出的群控系统调度方法控制方式不同，但都基于模糊理论的应用，通过构建模糊规则并依据计算结果来进行调度。相比传统的调度方式，这些方法都改进了性能指标。但是模糊控制没有自学习功能，从而无法根据建筑交通的改变实时调整规则。故这种算法也极大地依赖专家知识的好坏，不太容易修改规则库。基于模糊逻辑的特点，采用模糊控制的调度方法很难在群控系统中广泛应用。

（3）基于计算机图像的调度算法

电梯群控系统中，由于各个层站呼梯乘客数以及轿厢内的乘客数不确定，所以可以通过计算机图像技术对乘客人数进行识别。借助图像处理技术，可以改善群控系统不确定性与信息不完备性。在增加电梯信息完备性的基础上结合其他调度算法可以很好地实施群控调度。

（4）基于人工神经网络的调度算法

人工神经网络的优势就是其自学习能力。电梯群控方式采用神经网络，可以运用网络的自学习与处理信息能力。模糊神经网络把模糊控制和人工神经网络的特点相结合，其中模糊推理用于交通情况短期变化，而网络学习则用于交通情况长期变化。但该方法也存在不足，即如何合理地确定网络结构以及各个单元间的复杂交互作用。

（5）基于遗传原理的调度算法

遗传算法一般应用于电梯群控调度方法中评价函数参数的优化，但其优化效果主要由预测的厅层呼梯信号产生时间和分布精度来决定。而且遗传算法数学基础还不太完善，存在搜索效率不高的问题。而电梯群控调度作为一种实时性系统其搜索效率必须是第一位的，这就影响了遗传算法的调度应用。

项目三

电梯的保养

项目描述

电梯保养与维修是电梯行业的一个重要职业岗位,要求学生具备对电梯维护与维修工作所需要的知识与技能以及一定的电梯故障紧急救援、电梯各部件和装置的维修与维护、电梯部件调整与更换、电梯运行安全状态的检查和保障等技能。本项目通过"教学做"一体化和任务驱动的教学方式,培养学生在从事电梯保养与维修岗位工作时分析、解决问题的能力,使学生具备较强的工作方法能力和社会能力。

本项目以《电梯维护保养规则》(TSG T5002—2017)为参考,按照一般电梯的空间分类,着重讲述电梯机房、井道、厅门和底坑四大空间主要电梯部件的保养规程。

任务一　电梯保养前的准备工作

一、任务目标

①熟悉电梯维修保养规程;
②掌握电梯的日常检查与保养制度;
③能做好保养前的安全防护工作。

二、任务描述

定期保养电梯是保障电梯安全使用的基本要求。电梯保养技能是电梯工程技术人员的一项重要技能。

本任务主要讲述电梯保养的基本概念,完成电梯保养的准备工作。

三、相关知识

(一)电梯保养的基本概念

电梯保养是指按照安装使用维护说明书的规定,根据所保养电梯使用的特点,制定合理的维保计划与方案,定期对运行的电梯部件进行清洁、润滑、检查、调整,更换不符合要求的易损件,使电梯达到安全要求,保证电梯能够正常运行。

电梯保养的重要性是确保电梯系统以最高效率、最小损耗提供安全可靠的运行服务。

电梯保养的四个要素:

1. 日常清洁

电梯服务及保养最重要的要素是日常清洁。灰尘积累多半是造成电梯故障的主要原因。在继电器触点或门锁处的一点点灰尘就会使电梯停止运行。通常,潜在的故障点及磨损的零件都能通过日常的清洁工作来发现,防患于未然。

2. 零部件的更换及修理

服务及保养的第二个重要任务是零部件的更换及修理。必须更换已磨损的零部件,以确保电梯持续安全的运行,并使故障率减少到最低。

3. 润滑

对任何机械设备来说,正确而系统的润滑可以把磨损减少到最小,并保证电梯的正常运行以及延长零部件的寿命。

4. 调整

它与保持电梯清洁和润滑同样重要,是保证电梯处于最佳状态的最重要的要素之一。即使一台电梯能保持清洁,各部件都得到了良好的润滑,磨损的零部件也能被及时更换,但如果调整得不恰当,那么整个保养的目的就不能达到。

(二)电梯日常检查与保养制度

电梯的日常检查与保养应建立巡检、日检、周检、月检、季检、年检制度,日常维修保养应以保养为主、维修为辅的方针制定其内容。电梯维修管理人员,应根据本单位电梯运行忙闲情况来制订维修检查周期,但是巡检和日检是绝对不能省掉的。下面是针对使用非常频繁的电梯而制订的检查与保养的内容和要求:

1. 巡检

在电梯运行前后及交接班时,电梯维修工采用询问、手摸、耳听、目视等方法,检查电梯运行情况,判断电梯工作状态。巡检内容主要包括:

①制动器系统是否正常工作;

②曳引机工作温度是否正常、有无异声;

③控制柜上指示仪表是否正常;

④电气线路及电器元件工作是否正常,有无脱线或电器件损坏问题。

整个电梯在运行时,如有不正常的现象出现,能处理要及时处理,并将巡检情况填入电梯维修工作日志内,将情况记入交接班记录本内,重大问题应及时上报主管部门领导,要求立即解决。

2. 日检

由电梯维护人员检查易损易松动的零件,检查安全装置运行情况,检查电气柜、层、轿门、开门机构等。发现问题,能修理应及时停机修理,并将维修情况记入电梯维修日志中。日检内容主要包括:

①检查门机构部分工作情况,轿层门联锁装置是否工作正常等;

②检查曳引绳有无断股滑动问题;

③用手锤敲击机械装置各部分的连接零件,有无松动、伤裂等问题;

④检查曳引机工作情况,减速箱内蜗轮蜗杆啮合情况,制动器工作情况,整个曳引机温度、噪声情况及油质、油量是否合乎要求的问题;

⑤检查各种轮工作情况;

⑥检查各种安全装置是否工作正常,有无隐患。

日检不能代替巡检,发现重大问题,应及时向上级主管领导汇报,并设法处理。

3. 周检

周检是由电梯维修工进行,每周半天停梯检查(双梯)。单梯根据具体情况确定停梯检修时间,目的是解决巡检、日检无法解决的问题,保证电梯正常运行。周检内容除了包括巡检、日检内容外,还包括:

①检查缓冲器有无问题,限速器绳、极限开关绳连接及工作情况;

②检查各种安全装置,不符合要求的,要更换或修理调整;

③检查制动器的主弹簧、制动臂有无裂纹;

④检查制动瓦与轮间隙,如果不符合要求,则要调整;

⑤检查曳引绳在其槽内卧入情况,绳头组合装置是否牢固,补偿绳或链工作情况及安全情况;

⑥紧固电梯各紧固件;

⑦检修电气线路、接地装置,更换或电气元器件修理;

⑧轿厅门检修,调整电梯平层准确度和舒适感。

4. 月检

月检由电梯维修工进行,目的是根据一个月电梯运行、维修情况,有针对性地解决巡检、日检、周检无法处理的问题。月检内容主要包括对曳引机、安全装置、井道设施、自动门等机构的全面检查,如有问题随即处理。

此外,月检还处理周检中无法解决的而又不影响电梯正常运行的问题,例如:周保养中应加油或换油,但因某机件不易拆卸,或是漏油一时不能解决,但并不影响电梯正常工作,这时可采取勤观察,等到月检时再解决。

5. 季检

季检是由专业技术人员与电梯维修工共同检查,综合一个季度电梯运行、维修情况,解决月检中无法处理的问题。季检内容主要包括:

①检查或调整导靴间隙,发现靴衬磨损严重时要更换;

②检查曳引机的同心度;

③如果曳引机漏油,油量、油质不合格要解决;

④对曳引钢丝绳张力不均要及时调整解决;

⑤重新拧紧全部紧固件;

⑥检查电气装置工作情况、安全装置工作情况等。

6. 年检

年检是由专业技术人员、主管领导及电梯维修工共同检查,针对一年来电梯运行、维修情况,写出对电梯综合评定意见,以确定电梯检修日期及内容。年检内容主要包括对电梯整体做详细检查,特别是对易损件要仔细检查,根据检查结果来判断电梯是否需要更换主要零部件,是否要进行大、中或专项修理或需停机进一步检查。

(三)电梯保养安全操作通用规范

1. 作业前的注意事项

①为使自身条件处于良好状态,应有足够的睡眠时间,以最佳健康状态面对作业。

②应穿戴整洁规范的工作服、工作帽、安全带、安全鞋。

③详细掌握当天各维护保养现场的作业内容、工序,根据需要准备安全带及其他保护用具。

④用于作业的工具、计量器具,应使用检验合格的。

2. 作业现场的注意事项

①作业开始之前,应面见电梯客户管理负责人,说明作业目的及作业的预定时间,让其了解情况。

②对将要着手的作业内容、顺序及工序应再次详细协商。

③不得凭借作业者自己随意判断和第三者的言行而擅自行动。

④命令、指示、联络的手势应相互确认,应考虑照明、能见度、噪声等因素准确地传达。

⑤机房的通道及进出口的附近不应放置障碍物,机房内不得放置与电梯运行无关的物品。

⑥检修中的运行应由受过运行操作培训者进行,不管有任何事都不许让第三者操作。

⑦在超过两米的高度作业时,原则上应设置作业平台,但作业平台架设困难时,必须使用安全带。

⑧升降高或深超过 1.5 m 地方时必须使用梯子、舷梯。

⑨为确保作业人员的安全,同时也保证第三者的安全,应在各层明显的地方设置检修告示,向第三者说明正在作业。

⑩得不到适度照明的时候,应灵活使用移动灯具照明作业。

⑪除作业时间外,轿厢内操纵盘应加盖上锁。

⑫原则上不许带电作业,不得已要进行带电作业时,应使用绝缘保护用具。

⑬作业中严禁吸烟,吸烟时应在客户指定的场所吸烟。

⑭作业结束前,应仔细检查机房、井道、底坑无影响电梯运行的障碍物。

⑮作业结束后,应面见客户管理负责人,进行作业结束的汇报后再撤出。

3. 准备保养工具

维保技术人员常用工具见表 3-1-1,另外部分工具如电焊机、手枪钻、测力计等非常用工具在需要时向公司借用。

表 3-1-1　维保常用工具

序号	名称	规格	数量	备注	序号	名称	规格	数量	备注
1	钢丝钳	200 mm	1 把		9	一字螺丝刀	75 ~ 300 mm	2 把	
2	尖嘴钳	160 mm	1 把		10	十字螺丝刀	75 ~ 250 mm	2 把	
3	斜口钳	160 mm	1 把		11	噪声计(A)		1 套	
4	挡圈钳	轴、孔用	各 1 把		12	锤子	1.2 kg	1 把	
5	线坠	5 kg,10 kg	1 个		13	内六角	10 件套	1 套	
6	梅花扳手	8 件套	1 套		14	喷灯		1 把	
7	套筒扳手	28 件套	1 套		15	弹簧称	0.5 N,30 N	各 1 只	
8	活扳手	100 ~ 375 mm	1 把		16	万用表		1 只	

续表

序号	名称	规格	数量	备注	序号	名称	规格	数量	备注
17	摇表	500~2 000 V	1只		24	手提砂轮机	100~500 mm	1把	
18	电烙铁	35 W,300 W	各1把		25	钻头	2.5~16 mm	1套	常用规格多备
19	剥线钳		1把		26	游标卡尺	150 mm,300 mm	各1把	精度0.05 mm
20	测电笔		1只		27	钢直尺	150,300,500 mm	各1把	
21	电工刀		1把		28	钢圈尺	2 m,3 m	各1把	
22	胶皮槌		1个		29	钢圈尺	30 m	1把	
23	手电钻	6.5 mm,13 mm	各2把		30	90°直尺	150 mm	1把	

4.建立维保档案

维保技术员完成常规保养和急修服务后,必须填写下面完整的服务报告。经客户签字确认,该工作报告才真正有效。

(1)维保档案

①客户基本情况:

使用单位		地址	
邮编		使用地点	
联系人		电话	
司机姓名		操作证编号	
合同编号		合同类型	
服务工程师		联系电话	
质检员		联系电话	
区县(主管局)		监督电话	
年检日期		主检工程师	

②主要参数:

电梯型号		控制方式		拖动方式	
额定速度	m/s	层 站		曳引比	
		门			
额定载重量	kg	开门方式	自动/手动	开门方向	左/中/右
提升高度	m	轿厢轨距	毫米	顶层高度	m
出厂编号		对重轨距	毫米	底坑深度	m
曳引机型号		曳引机编号		减速比	
曳引轮直径	毫米	曳引绳直径	毫米	曳引用绳根数	
电动机型号		额定功率	kW	额定电压	V
电动机转速	r/min	额定电流	A	绝缘等级 I	
控制屏型号		控制柜编号		安全钳型式	
限速器型号		动作速度	m/s	缓冲器类型	

（2）维保报告

曳引与强制驱动电梯（半月）维护保养记录

使用单位：_____　　　　电梯内部编号：_____

序号	维护保养项目（内容）	维护保养基本要求	维护保养情况
1	机房、滑轮间环境	清洁，门窗完好，照明正常	
2	手动紧急操作装置	齐全，在指定位置	
3	驱动主机	运行时无异常振动和异常声响	
4	制动器各销轴部位	动作灵活	
5	制动器间隙	打开时制动衬与制动轮不应发生摩擦，间隙值符合制造单位要求	
6	制动器作为轿厢意外移动保护装置制停子系统时的自监测	制动力人工方式检测符合使用维护说明书要求；制动力自监测系统有记录	
7	编码器	清洁，安装牢固	
8	限速器各销轴部位	润滑，转动灵活；电气开关正常	
9	层门和轿门旁路装置	工作正常	
10	紧急电动运行	工作正常	
11	轿顶	清洁，防护栏安全可靠	
12	轿顶检修开关、停止装置	工作正常	
13	导靴上油杯	吸油毛毡齐全，油量适宜，油杯无泄漏	
14	对重/平衡重块及其压板	对重/平衡重块无松动，压板紧固	
15	井道照明	齐全，正常	
16	轿厢照明、风扇、应急照明	工作正常	
17	轿厢检修开关、停止装置	工作正常	
18	轿内报警装置、对讲系统	工作正常	
19	轿内显示、指令按钮、IC卡系统	齐全，有效	
20	轿门防撞击保护装置（安全触板，光幕、光电等）	功能有效	
21	轿门门锁电气触点	清洁，触点接触良好，接线可靠	
22	轿门运行	开启和关闭工作正常	
23	轿厢平层准确度	符合标准值	
24	层站号唤、层楼显示	齐全，有效	
25	层门地坎	清洁	
26	层门自动关门装置	正常	
27	层门门锁自动复位	用层门钥匙打开手动开锁装置释放后，层门门锁能自动复位	
28	层门门锁电气触点	清洁，触点接触良好，接线可靠	
29	层门锁紧元件啮合长度	不小于7 mm	
30	底坑环境	清洁，无渗水、积水，照明正常	
31	底坑停止装置	工作正常	

说明：维保结果正常的在对应的结果栏内打"√"；已清洁、调整的打"○"；要更换、修理的打"△"；需要进行维修、大修的打"×"；无此项打"-"。

调整和更换易损件等情况说明：	电梯使用单位意见：
电梯维保人员： 维保日期：　　年　月　日	使用单位电梯安全管理员： 确认日期：　　年　月　日

第一联　使用单位留存

(四)客户关系

维保技术人员是与电梯客户和大楼管理员直接打交道的一线人员,因此他们的外表和行为代表了电梯维保队伍以及整个公司的形象。所以,标准的行为规范和统一着装在公司的政策和工作手册中将是非常重要的一部分。不管我们承不承认,某些办公大楼的管理层确实对维保工人带有一定的错误偏见。在这种情况下,就需要特别小心先克服这种偏见。维保技术员应先争取得到这些人的重视,这样他们不管在解决电梯故障时或是检查保养时都能得到这些人的帮助。第一印象最永久也最关键,这是千真万确的。许多电梯用户,还有大楼物业经理,也许很少见到维保人员。

(五)着装和外表

着装整洁、干净并且印有公司标识及员工姓名的工作服代表着一种非常专业的形象。常常推荐深色制服,因为它较耐脏。工作鞋也一定要符合安全规范。考虑到可能出现的安全隐患,不要佩戴任何首饰。金是电路中非常好的导体,如果戴着金项链或金手链在高压的控制柜边上工作或者弯腰将是非常危险的事。戒指等环形首饰也要尽量避免配戴,因为它们可能被勾住导致严重的人身伤害。身上的衣服一定要束紧,蓬松的衣服可能被移动的设备夹住。检修人员在工作间隙和任务完成后一定要进行整理和清洁工作。在和客户接触时,维保检修人员干净的着装和个人卫生是最基本的要求。如果有好几天没换工作服,衣服上的积灰会非常明显。对工具和设备的重视也非常重要,任何人如果看到维保人员的所带的工具杂乱无章,缺这少那,必然会怀疑是否对电梯的维护也会如此。一些大楼的物业经理会根据维保人员的工具来判断这人是否够专业。

(六)个人防护装备

个人应配备的防护用品清单见表3-1-2。

表3-1-2 个人防护用品清单

发放日期	数量	设备描述	C	M	R	S
		坠落防护				
		全身式安全带(带减震器)	Y	Y	Y	Y
		腰带式安全带	Y		Y	Y
		安全帽	Y/A	Y	Y	Y
		听力防护用品	Y	Y	Y	Y
		手套				
		标准工作手套	Y	Y	Y	Y
		焊接手套	Y	Y	Y	Y
		护目用品				
		强光及切割护目镜	Y/A	Y	Y	Y
		焊接防护罩	Y	Y	Y	Y
		上锁/标识				

续表

发放日期	数量	设备描述	C	M	R	S
		公司锁具	Y/A	Y	Y	Y
		个人锁具(带标签)	Y/A	Y	Y	Y
		1″Hasp(闭锁装置)	Y/A	Y	Y	Y
		TKEC 工具腰包	Y/A	Y	Y	Y
		标识牌				
		禁止操作	6	6	6	6
		禁止使用	6	6	6	6
		不安全条件	6	6	6	6
		电梯情况正常	6	6	6	6
		其他项目				
		安全鞋	Y/A	Y	Y	Y
		工作服	Y/A	Y	Y	Y
		TKEC 桥接线	A/2	2	2	2
		TKEC 防厅门自闭器	Y	Y	Y	Y
		电缆剁线器				
		接地故障断路器	Y/A	Y	Y	Y

四、任务实施

①根据实训教学大楼的电梯参数,制定电梯的维保档案。
②编写维保清单和个人防护用品。

五、任务评价

任务完成后,教师组织学生进行分组汇报,并给予评价。

六、问题与思考

①电梯保养通用安全规程是什么?
②电梯保养的4个基本要素是什么?

七、拓展知识

电梯维保行业属于服务行业。电梯维保服务包括两方面,一是对电梯服务,二是对客户服务。电梯服务是指维护人员有更高的技能,能对电梯进行保养和解决电梯出现的故障。客户服务是指解决客户提出的要求,使客户对保养人员和保养工作认可。在工作中,注意避免以下情况:

1. 不与客户沟通

在电梯维保中,有一小部分人会出现这样的情况:去到现场或者离开现场,不会与客户沟通,直接进行保养或者维修工作。为什么会出现这种情况? 主要原因是以前电梯数量少,保养人员也少,没有那么多程序化的步骤,而如今维保流程逐渐程序化,但有些人还保留着之前的行为习惯。

2. 不设置护栏

不设护栏有两种情况:①工作短时间内,不设置护栏(常见);②从来不设置护栏。

有些维保人员因为保养时间短,抱着"动作快点,很快就工作完,不会出什么事"的心理,不放置护栏。造成这样的原因主要有:①半月保养一次时间所花费时间少;②有时候回召维修是小故障时,花费时间少;③认为放置护栏麻烦,多年工作没放置护栏都不出事情,就从来不放护栏。

这样做会导致什么结果呢? 从乘客角度,如果在保养自动扶梯时不设置护栏,乘客认为自动扶梯是正常的,就使用自动扶梯;而维保人员在保养工作中势必会使自动扶梯停止或运行,这就会使乘客受到伤害。从维保人员角度来讲,维保人员正在工作,而乘客又在使用电梯,这样势必会造成维保人员和乘客受到伤害。

3. 错误进入井道

最常见的不安全事项中,错误进入井道居首位。工作人员不安全进入井道有以下情况:

①不使用门阻止器。在安装现场中或者维保现场随处可以看到工作人员使用螺丝刀、三角钥匙或其他工具顶卡住层门,使层门停止关闭。为什么会出现这种现象? 主要是使用其他工具比使用门阻止器更方便。

②轿顶距离平层距离太远。电梯楼层过高或电梯发生故障时,导致电梯距离平层太远,而维保人员又不上机房试检修或者盘车,贪图方便直接踩轿顶防护栏去轿顶,甚至有些电梯处于不停站中间,维保人员直接攀爬导轨支架去轿顶。从中可以看出,维保人员将受到坠落和剪切的危险。如果保养人员重心不稳,就有可能掉进井道。如果电梯意外移动,维保人员又在爬对重支架,就有可能受到剪切的危险。

③安全开关不验证。为了确保工作中的安全,必须把电梯控制在自己手中,尤其是进出井道时。不同企业对进出井道的流程规定也有所不同,有的需要验证安全开关,有的需要验证部分安全开关。进出井道涉及的安全装置有厅门触点、检修开关、急停开关,这些都需要验证。

4. 轿顶上的不安全操作

①停车不按急停,人车同"行"。为确保工作人员在轿顶上安全工作,开车的时候是不允许进行工作的。在停车时为了确保电梯不会意外移动,也需要按下急停开关。但是,在工作现场很少有人能做到停车按下急停开关。

②身体离开轿顶安全位置,在轿顶上身体离开轿顶护栏工作,就意味着有危险。在现场中会出现两种情况:习惯性工作导致和无法避免性导致。习惯性工作导致是指工作人员经常这样离开轿顶护栏工作,没有意识到危险而成为习惯。对于那些配置了降温装置的高档电梯,在轿顶上会设置空调。轿顶上的安全空间可以满足工作人员的工作要求,但是在轿顶上增加其他设备,就会造成无法对部分设备进行检查,工作人员只有离开安全空间进行工作。在现场不难看到有护栏会出现弯曲,那是由于工作人员攀爬离开护栏或者直接站立在护栏上

工作造成的。

5.随意使用短接线

不当使用短接线的两个原因：

①找故障,忘记拿出短接线；

②找不出故障,通过短接线运行电梯。

短接任何线路都是不允许的。有时候维修人员找不到电梯的故障所在,客户又要求运行电梯,短接线路就成了维修人员的选择,但是这样做会导致很严重的后果。电梯的某些安全开关被短接了,就不会动作,最终就会造成事故。所以,有些地区如果被查到线路上有短接线,将处以高额罚款。

6.不合理的签单方式

①工作完不签单。

②没工作,只签单。

造成这种现象一般有几个原因：

①工作人员缺少安全意识；

②工作人员有不好的习惯；

③工作人员缺少相关培训。

任务二　电梯的机房部件保养

一、任务目标

①知道电梯机房各部件正常的工作状态；

②能够判断机房各部件是否处于良好的工作状态；

③掌握保养电梯机房各部件的方法。

二、任务描述

电梯机房(或称控制间)一般被设置在电梯井道顶部(机房上置式)。机房内安装有曳引机、导向轮、控制屏、限速器、电源箱等主要设备。机房保养是电梯整个保养流程中重要的一个环节。

本任务着重讲述电梯曳引机、制动器、限速器等机房主要电梯部件的保养规程。

三、相关知识

(一)机房保养安全规范

①除在机房作业时间以外,机房的门要锁着,防止第三者进入。

②零部件、擦布、油脂类要管理好,放在指定的地方。

③避免工具、物品从机房地面钢丝绳孔等掉入井道。

④操纵电源开关及各开关时,要由操作者或经接到指示的人员进行。

⑤断开的电源开关要有不要送电的提示板。

机房环境的检查

⑥配电盘的一次侧经常处于通电状态,因此注意不要触电。

⑦两台以上并列的电梯,即使把1台的电源开关断开,共同用的电路是通电状态,所以要特别注意,防止触电。

⑧控制柜的门,除作业以外必须关闭上锁,将门打开作业时尽量避免带电作业。

⑨控制柜内不准放任何物品。

⑩在进行曳引机、限速器等旋转件作业时,必须把电源断开之后进行。另外,目视检查运行状态时,要充分注意手、工作服,擦布不要触碰卷入,防止被卷入。

⑪在检查、清洁钢丝绳时,要把电源断开后再进行。特别是在检查钢丝绳磨损、钢丝绳的绳股是否切断时,要在轿厢提升时进行,这时要充分注意不要把手卷入绳轮等的旋转件中。

⑫在手动轿厢上升、下降时,必须切断电源之后按照操作者的指示进行。

(二)曳引机的保养规程

永磁同步主机在长时间运行过程中可能会导致曳引机防护罩螺栓松动,挡绳装置间隙变化,而造成曳引机异响,钢丝绳跳槽、磨损等不可预知的事故或损失。为了避免此类事件的发生,因而需定期对曳引机进行检查。

1. 曳引机的检查与清洁

(1)曳引机表面清洁

断开总电源,紧急电动开关处于ON,用毛刷清洁曳引机表面,用抹布清洁凹陷部位内的卫生。

曳引机的检查

(2)检查曳引机运行时无异常振动或异常声响

①接通总电源,注意侧身送电,机房电话确认轿厢内无人。

②关闭主板开关门和外呼开关。

③在控制柜内选层,使电梯快车从顶层或底层开始各运行全程一次。

④运行中观察曳引机无异响和振动。

图3-2-1　曳引机的检查与清洁

2. 曳引机接线检查

永磁同步主机在运行过程中会有不同程度的振动,而接线端流经的电流较大,如主机接线端接线松动就会造成接线端子烧蚀等一系列故障,因而需定期(每年一次)对接线进行检查。

①主机接线盒检查。

②主机动力线接线检查。

a. 用中号螺丝刀松掉接线盒盖子上的紧固螺丝,拿掉盒盖。

b. 检查主机接线端子的进线和出线。

c. 用中号十字螺丝刀紧固螺丝。

d. 用手拉线左右晃动的方式检查,线应无松动。

3. 曳引机屏蔽线、接地线检查

永磁同步主机、变频器、变压器等会带来串磁干扰,而电磁干扰往往会使电梯莫名其妙地停梯及出现不明原因的障,给电梯运行带来隐患。为了消除电磁干扰 ,主机动力线电缆及信号控制电缆均带有屏蔽层并要求可靠接地。用接地电阻表测量接地电阻值应不大于 4 Ω。

①主机动力线的屏蔽线和保护接地线应接在主机接线盒内的右下角接地端子(PE)上。

②用十字螺丝刀紧固接地螺栓。

③检查结束后用螺丝刀拧紧盖子上的固定螺丝。

4. 曳引轮绳槽的检查

(1)清洁曳引轮轮槽(必须在切断总电源后清洁)

①断开总电源,确认电梯总电源已经断开,上锁挂牌,紧急电动开关始终处于 ON 位置。

②用抹布清理曳引轮轮槽内(未被钢丝绳遮挡住的轮槽)的油污。

③半圈清理完毕后接通总电源,紧急电动运行电梯,使曳引轮转动一圈,再切断总电源。

曳引轮绳槽
磨损检查

图 3-2-2　曳引轮槽的清洁

④用抹布清理另外半圈曳引轮轮槽内(未被钢丝绳遮挡住的轮槽)的油污。

(2)检查曳引轮槽磨损情况(如图 3-2-3 所示)

图 3-2-3　曳引轮槽磨损的检查

①用内六角扳手拆除防护罩的 4 颗固定螺栓。

②拿下防护罩。

③用钢直尺水平靠在整排钢丝绳上,整排钢丝绳的高低差应≤1 mm。每旋转 90°测量一次。如果高度差超标,应更换曳引轮。

④检查曳引轮轮槽无明显的裂痕,槽型无明显磨损情况。如果有,应更换曳引轮。

⑤测量钢丝绳顶端与曳引轮顶端之间的垂直距离,8 mm 的钢丝绳距离小于 0.5 mm 时更换曳引轮;10 mm 的钢丝绳距离小于 1 mm 时更换。

⑥检查完毕,安装防护罩。

（3）检查挡绳装置,紧固螺栓

将防护罩螺栓孔位置全部落到底,保证挡绳装置间隙,再紧固螺栓。

（三）制动器的保养

1. 制动器的保养要求

制动器的拆解维护保养间隔时间为 2 ~ 4 个月, 如使用环境恶劣(潮湿、腐蚀及高温等),应根据现场情况缩短周期;制动器必须进行周期检查,检查间隔为 1 个月,基本检查项目内容如下:

检查制动器

①手动松闸的灵活性;

②各处涂红漆处有无松动;

③各表面的生锈情况;

④制动力矩是否足够;

⑤制动轮毂表面是否有黑色碳化物;

⑥摩擦片厚度是否小于 4 mm(制动轮径 495 mm 以下的,此值是 3 mm);

⑦电磁铁动铁芯的动作是否灵活;

⑧制动器的剩余行程是否满足要求(剩余行程的极限值不得小于 0.5 mm)。

制动器抱闸间隙
的检查和调整

2. 块式制动器的保养操作方法

（1）制动器间隙的检查与调整(图 3-2-4)

学习制动器抱闸间隙检查调整。

①按照公司程序断电,上锁挂牌。分别检查制动器 4 个角的间隙应为 0.3 ~ 0.4 mm。制动器间隙调整时,必须对角调整,先调整 1、3 位置,再调整 2、4 位置。

②塞尺测量。如果不符合要求,做如下调整:8 mm 内六角扳手松掉螺栓 30°;16 mm 扳手微调隔套。

③若间隙值偏大,用 16 mm 扳手逆时针旋转固定螺栓 30°左右,使固定螺栓松动少许,然后用 18 mm 的开口扳手逆时针旋转空心螺栓,使空心螺栓向电磁铁芯座方向旋入,然后顺时针旋转固定螺栓使其紧固,用塞尺检查气隙是否达到要求。

④若间隙值偏小,用 16 mm 逆时针旋转固定螺栓 30°左右,使固定螺栓松动少许,然后用 18 mm 的开口扳手顺时针旋转空心螺栓,使空心螺栓向电磁铁芯座方向退出,然后顺时针旋转固定螺栓使其紧固,用塞尺检查气隙是否达到要求。

（2）动器噪音的调整(图 3-2-5)

①若制动器噪音较大,则先检查静铁芯和动铁芯间隙是否满足要求(参考上述方法调

整）；

②用呆扳手（10 mm）松开螺母 M6，用内六角扳手（5 mm）调整螺钉 M6×60，直至噪音减小到适宜为止。

（a）　　　　　　　　　　　　（b）

（c）　　　　　　　　　　　　（d）

图 3-2-4　制动器间隙的检查与调整步骤

图 3-2-5　制动器噪音的调整

（3）制动器检测开关的调整（图 3-2-6）

图 3-2-6　制动器检测开关的检查

①打开制动器接线盒,检查制动器接线无松动。

②将万用表插入制动器接线端子的微动开关接口(NO,COM),万用表拨到通断挡位。

③将 0.15 mm 塞尺放入制动器间隙,电梯紧急电动运行,使制动器通电,如果万用表有显示与鸣叫,表示微动开关动作正常。将制动器断电,换 0.20 mm 的塞尺放入制动器间隙,将制动器通电吸合,微动开关应不动作。

④检查调整完毕后通电整机试运行。

3.鼓式制动器的检查与调整

典型的鼓式制动器的结构如图 3-2-7 所示。

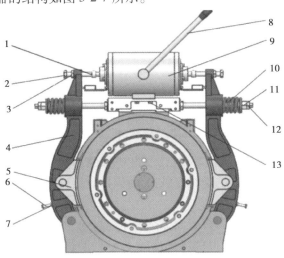

图 3-2-7 鼓式制动器的结构

1—顶杆帽;2—松闸螺栓;3—松闸螺栓锁紧螺母;4—制动臂;5—制动瓦;

6—制动瓦调节螺栓;7—制动瓦调节螺栓锁紧螺母;8—手动松闸杆;9—电磁铁;

10—制动弹簧;11—弹簧紧固螺母;12—弹簧锁紧螺母;13—电磁铁紧固螺栓

(1)鼓式制动器电磁铁的检查与调整

①检查电磁铁。对电磁铁动铁芯的灵活度进行检查,用手来回推拉动铁芯,看是否顺畅,如不顺畅需将电磁铁拆开检修。

②电磁铁的拆卸。

注意:如果需要拆卸制动器,使轿厢检修上升,直至对重架压牢缓冲器之后,手动松闸双制动器,以验证是否溜车。

步骤 1:拆除顶杆帽螺钉 1,拆下顶杆帽;

步骤 2:拆除护套螺钉 2,取下减震组件;

步骤 3:拆除端盖螺钉 3,取下端盖;

步骤 4:压下手柄将端盖顶出并取下(手柄严禁旋转 180°)。

(2)电磁铁内部的检查和维护

电磁铁内部的检查步骤如图 3-2-9 所示。

图 3-2-8 鼓式制动器拆卸示意图

1,2,3—螺钉

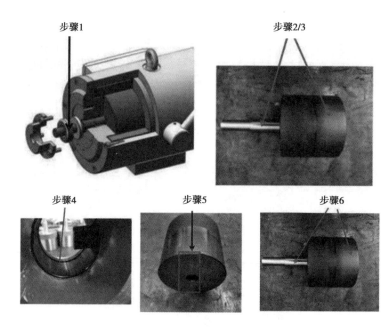

图 3-2-9   电磁铁内部的检查步骤

步骤1:检查减震垫是否完整,是否有破损,若损坏须进行更换;拆卸步骤如上所述。装配时反步骤装配即可。

步骤2:检查动铁芯表面油污,将表面擦拭干净。

步骤3:检查动铁芯体径向磨损;检查动铁芯杆径向磨损;动铁芯体和杆表面未达到更换要求的磨损划痕,用砂纸刨光且不得有台阶感。

步骤4:清理电磁铁内部。

步骤5:检查动铁芯端部与松闸杆接触而产生的划痕情况,划痕若高出表面,须修正平整。

步骤6:完成以上步骤后,在装回前动芯支撑部位均匀涂耐高温润滑脂(按照厂家使用说明选用合格的润滑脂)注意涂抹薄薄一层(厚度约 0.05 mm)即可。

(3)鼓式制动器的制动闸衬间隙的调整

制动闸衬间隙调整如图 3-2-10 所示。

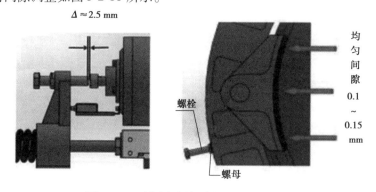

图 3-2-10   制动闸衬间隙检查及调整要求

调整步骤如下:

步骤1:手推动铁芯到最里侧,调整制动螺栓使螺栓端面和动铁芯端面的间隙至 2.5 mm

（初始抱闸安装时调整）左右。

步骤2：制动器通电，打开制动器，用塞尺检测间隙的大小，要求为0.1～0.15 mm，此值宜尽量小或以不摩擦制动轮为好。使用厚0.1 mm和0.15 mm塞尺，从上至下塞入制动轮和摩擦片之间的间隙，0.1 mm塞尺能通过，0.15 mm塞尺不能通过，如果观察到上下间隙不均匀，先进行步骤1后再向下进行。

①当间隙小于0.1 mm时，顺时针旋转调整螺栓，将所要求的间隙调整到0.1～0.15 mm，然后锁紧螺母。

②当间隙大于0.15 mm时，逆时针旋转调整螺栓，将所要求的间隙调整到0.1～0.15 mm，然后锁紧螺母。

注意：制动器通电打开状态下，调整螺栓，使上下制动间隙均匀，调整完毕后锁紧螺母。如果制动器不能完全打开，运行时不仅可使摩擦片过热而降低制动力矩，甚至碳化剥离，而且可能使电机处在过负荷状态，使电机额外发热而保护电路动作，导致非正常运行，甚至造成损坏。

摩擦片和制动轮毂上不得粘有些许油或油脂，特别在加油脂后，应用干净汽油或浓度≥75%的医用酒精擦拭干净，并在汽油或酒精完全挥发后才能重新开机。

（4）鼓式制动器制动开关的调整

要确保制动开关的两个固定螺栓已经拧紧，松开制动开关触发螺栓的防松螺母调整触发螺栓的位置，在制动器打开的情况下（可以通过操作制动器释放扳手），保证触发螺栓的表面和制动开关刚刚接触，然后将触发螺栓顺时针旋进约1/4扣，保证此时制动开关没有被触发，此时制动开关反馈信号为断开。制动器释放后，制动开关被触发，开关信号变为导通。在这个过程中，将会听到一声轻微的"咯"的声音。

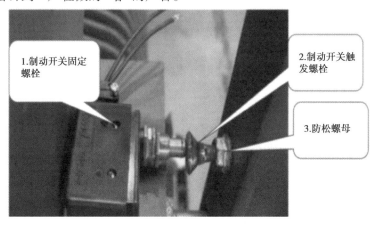

图3-2-11　鼓式制动器制动开关的调整

（四）限速器的保养

限速器安全钳系统是电梯在发生超速或断绳时起保护作用的安全装置。该系统是否能正常工作，不仅取决于设计制造，更重要的是取决于日常维护保养。如果长期不对限速器进行保养，可能会因转动部件阻力增大致使离心甩动部分动作不灵活，造成限速器无法正常工作。

检查限速器

1. 清洁卫生

必须对限速器的所有部件都进行清洁,并保证没有灰尘、油脂或润滑油阻碍其正常工作。关键部位有限速器卡绳和绳轮。油脂、滑油和灰尘可能会在夹钳部位积聚,阻碍其夹持限速器绳。油脂和灰尘还有可能会阻碍夹钳的运动,阻碍其与钢绳接触。另外,灰尘和润滑剂可能会在绳轮沟槽底部积聚固化,使钢绳错位塞住夹钳,导致夹钳磨损,难以夹持钢绳。同理,油脂、滑油和灰尘在绳轮沟槽中积聚会降低钢绳与绳轮直接的曳引力,妨碍限速器与电梯速度同步动作。这个问题会转移到限速器绳,大大降低卡绳夹钳产生的拉拽力。限速器部件最好使用溶剂和抹布进行清洁。对于难以触及的内部区域,通常需要用较坚硬的尼龙毛刷进行清洁。

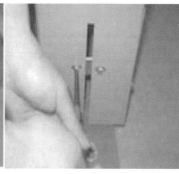

图 3-2-12　限速器清洁

实施步骤:

①切断总电源,上锁挂牌。

②用刷子或抹布清洁外壳。

③十字螺丝刀拆除外壳的 4 颗固定螺栓,拿掉防护罩。

④用抹布将限速器周围的灰尘、油污擦拭干净。

2. 加润滑油

①用油枪对轴销部位进行加油润滑。

②加油后用抹布擦干净多余的机油。

图 3-2-13　限速器润滑

3. 检查限速器灵活性

接通总电源,注意侧身上电。

①机房紧急电动上下运行。

②目测和倾听限速器的运转,检查限速器无异常声响和卡阻。

图 3-2-14　检查限速器灵活性

4. 检查限速器电气开关

检查步骤:

①切断总电源,上锁挂牌。

②打开限速器开关接线盒。

③检查接线无破损,以防接触不良。

④用十字螺丝刀紧固接线端子。

⑤测试电气开关正常:确认电梯正常的情况下切断总电源,将限速器开关向上或下拨动。

⑥接通总电源,侧身上电。

⑦观察控制柜内 LCPCPU 上的安全回路灯(SAFETY INPUT)应熄灭。

⑧确认 LCECPU 报 F1-0021 故障,开关恢复后,电梯正常。

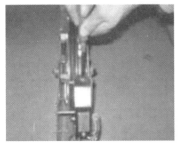

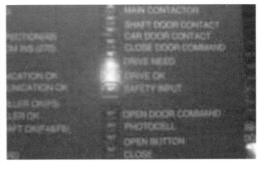

图 3-2-15　检查限速器电气开关

5. 检查限速器定位销

查限速器定位销,无缺失。

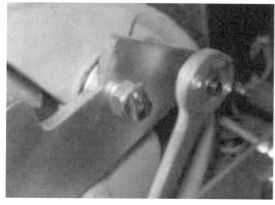

图 3-2-16　检查限速器定位销

(五)电源箱的检查

1. 清洁电源箱

①切断用户电源。

②用万用表验电,确认电源已断开。

③用干净毛刷、抹布清理配电箱体表和内表面灰尘。用软毛刷清理各个断路器积灰。

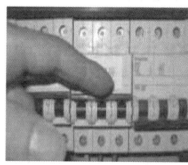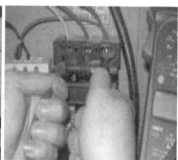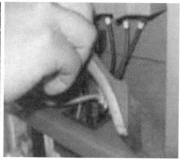

图 3-2-17　电源箱清洁

2. 检查接线端子,紧固螺栓

①检查三相动力线接线端子,应无拉弧、烧黑和腐蚀,用十字螺丝刀紧固总电源断路器接线。

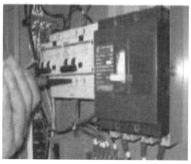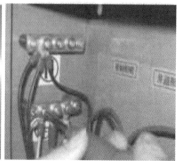

图 3-2-18　检查电源箱接线端子

②用十字螺丝刀紧固轿厢、井道照明断路器接线。用十字螺丝刀紧固照明接线排接线。

③用十字螺丝刀紧固配电箱左侧接地线。用十字螺丝刀紧固配电箱左侧零线。

3.检查各个断路器

①手动测试总电源断路器通、断有效。

②手动测试轿厢照明、井道照明断路器通、断有效。

③手动测试井道照明开关通、断有效。

④接通用户电源,用万用表检测电源插座电压正常。

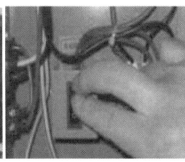

图3-2-19　检查电源箱各断路器

(六)应急平层装置的检查

停电自动救援装置是电梯在停电时自动放入最快捷的一个装置。停电时,此装置未处于正常工作状态,则无法正常救援放人,因此需定期对停电自动救援装置进行检查。

1.应急平层装置的清洁

①用毛刷或抹布清洁柜体。

②接通总电源,检查柜体总开关应置于 ON ,指示灯显示正常。

图3-2-20　应急平层装置的清洁与检查

2.应急平层装置的功能测试

①电梯在紧急电动下驶离平层区域。

②将紧急电动开关转到 OFF。

③在电梯未返平层前切断总电源。

④控制柜断电后停电自动救援装置开始工作。

⑤将电梯驶向平层区域。

⑥驱动门机打开轿门与层门。

测试完成,接通总电源,查看电梯运行正常。

图 3-2-21　应急平层装置的功能测试

四、任务实施

完成电梯机房保养作业记录表,见表 3-2-1。

表 3-2-1　电梯机房保养作业记录表

项目名称:＿＿＿＿＿＿＿＿＿＿＿＿＿＿＿＿　　　　保养日期:＿＿＿＿＿年＿＿月＿＿日

序号	维保项目(内容)	维保基本要求	梯号:	检查情况
1	机房、滑轮间环境	清洁、门窗完好、照明正常		
2	手动紧急操作装置	齐全,在指定位置		
3	曳引机	运行时无异常振动和异常声响		
4	制动器各销轴部位	润滑,动作灵活		
5	制动器铁芯(柱塞)	进行清洁、润滑、检查,磨损量不超过要求		
6	制动器间隙	打开时制动衬与制动轮不应发生摩擦		
7	制动衬	清洁,磨损量不超过制造单位要求		
8	制动器动作状态监测装置	工作正常,制动器动作可靠		
9	制动器作为轿厢意外移动保护装置制停子系统时的自监测	制动力人工方式检测符合使用维护说明书要求;制动力自监测系统有记录		
10	编码器	清洁,安装牢固		

续表

序号	维保项目(内容)	维保基本要求	梯号:	检查情况
11	限速器各销轴部位	润滑,转动灵活;电气开关正常		
12	限速器轮槽、限速器钢丝绳	清洁,无严重油腻		
13	控制柜接触器、继电器触点	接触良好		
14	控制柜内各接线端子	各接线紧固、整齐,线号齐全清晰		
15	曳引轮槽、悬挂装置	清洁,钢丝绳无严重油腻,张力均匀,符合制造单位要求		
16	驱动轮、导向轮轴承部	无异常声响,无振动,润滑良好		
电梯维保建议:		客户评价及建议:		
维护员负责人:		客户确认:		

五、任务评价

任务完成后,教师组织学生进行分组汇报,分析评价指标,并给予评价。

表 3-2-2　电梯机房保养任务学生评价表

实训任务:

	序号	评价内容	分值	评分标准	得分	备注
小组自评	1	安全意识	10	不按要求穿工作服、戴安全帽,扣2分;在基站没有设立防护栏和警示牌,扣2分;不按要求进行带电或断电作业,扣2分;不按安全要求规范使用工具,扣2分;有其他违反安全操作规范的行为,扣2分		
	2	曳引机轮槽的保养	20	保养操作不规范,扣3分;曳引机轮槽保养不符合标准,扣12分;保养记录单填写错误、未填写,扣5分		
	3	限速器的保养	20	保养操作不规范,扣3分;限速器保养不符合标准,扣12分;保养记录单填写错误或未填写,扣5分		
	4	制动器的保养	20	保养操作不规范,扣3分;制动器保养不符合标准,扣12分;保养记录单填写错误或未填写,扣5分		

续表

	序号	评价内容	分值	评分标准	得分	备注
小组自评	5	电源箱的保养	20	保养操作不规范,扣3分;电源箱保养不符合标准,扣12分;保养记录单填写错误或未填写,扣5分		
	6	职业规范环境保护	10	在操作过程中工具和器材摆放凌乱,扣2分;不爱护设备、工具,不节省材料,扣2分;在工作完成后不清理现场,在工作中产生的废弃物不按规定处置,各扣2分		
	7	总结与反思				

实训任务:

	序号	内容	评价结果
小组评价	1	在小组讨论中能积极发言	□优□良□中□差
	2	能积极配合小组成员完成工作任务	□优□良□中□差
	3	在电梯曳引机维护保养中的表现	□优□良□中□差
	4	能够清晰表达自己的观点	□优□良□中□差
	5	电梯试车前检查中的表现	□优□良□中□差
	6	安全意识与规范意识	□优□良□中□差
	7	遵守课堂纪律	□优□良□中□差
	8	积极参与汇报展示	□优□良□中□差
教师评价	9	综合评价: 评语: 教师签名: ___年___月___日	

六、问题与思考

①电梯机房一般被设置在电梯井道顶部,机房内安装有曳引机、_____、_____、_____、_____、总电源控制盒等主要设备。

②制动器是电梯曳引机中_____装置,它能使运行的电梯轿厢和对重在断电后立即停止运行,并在任何停车位置定位不动。

③驱动绳轮轮槽磨损的最好的预防方法是什么?

④怎样保养限速器?

七、拓展知识

(一)默纳克系统轿厢意外移动保护装置(UCMP)的测试

1. 默纳克系统 UCMP 的接线

默纳克系统 UCMP 的原理图如图 3-2-22 所示。

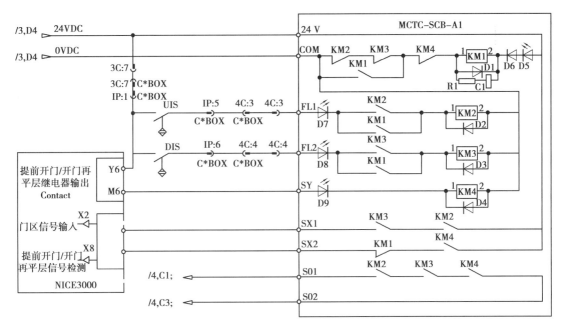

图 3-2-22 默纳克系统 UCMP 的原理图

注:MCTC-SCB-A1 适用于同步主机单开门

2. UCMP 测试

测试 UCMP 功能时,需要在检修状态、厅轿门闭合的情况下,切断进入控制主板的门锁信号,模拟门锁断开。

UCMP 测试步骤:

①电梯在检修状态,轿厢停止在门区位置,保持关门状态;(不在检修或门区,以下操作无效);

②小键盘触发方式:小键盘设置 F-8 设置 7,此时显示 E88,开启 UCMP 测试功能,此时断开门锁回路。

操作器触发方式:F3-24 设置为 2,设置完毕后,此时断开门锁回路(拔掉 2H 插件)。

③手动按住检修上行或者下行按钮,封门接触器输出,门锁短接,此时电梯正常检修启动运行。

④电梯在运行脱离门区后,UCMP 模块输出保护,此时电梯报 E65(UCMP 故障),电梯停止运行。

⑤测量轿厢位置应符合国标。

复位条件:

①E65 故障不可自动复位,断电上电也不可以自动复位;

②在检修状态下,小键盘 F2 = 1 或复位键复位。

3. 抱闸力检测

①在检修条件下,主板小键盘设置 F-8 = 8。此时,电梯保持门锁接通,未关门会自动进行关门。

②门锁有效后,封星接触器输出、运行接触器输出、抱闸接触器不输出,在抱闸检测时,主板小键盘显示 E88。

③检测完成后,接触器复位,F7-09 显示检测结果。当检测抱闸力合格时 F7-09 = 1,不合格时 F7-09 = 2,立即报 E66,故障不可以复位。

④故障复位:需要重新做报闸力检测,且结果合格(F7-09 = 1)方可复位。

⑤F7-10 抱闸力定时检测倒计时 0 ~ 1 440 分钟,初始值 1 440 分钟,即 24 小时。

表 3-2-3 功能码说明

功能码	功能说明	设定范围(不做范围限制)	备注
F2-37	检测力矩持续时间	1 ~ 10 秒	设定为 0 时,按照 5 秒的默认值处理
F2-38	检测力矩幅值大小	0 ~ 150% 电机额定力矩	设定为 0 时,按照 80% 电机额定力矩的默认值处理
F2-39	检测有问题时的脉冲数	1 ~ 20 个编码器反馈脉冲	设定为 0 时,按照 3 个编码器反馈脉冲的默认值处理
F2-40	溜车距离过大监测值	1 ~ 20 度主机旋转机械角度	设定为 0 时,同步机按照 5 度、异步机按照 10 度主机旋转机械角度的默认值处理

(二)新时达系统轿厢意外移动保护装置的测试

1. 新时达系统 UCMP 的接线

平层光电 NPN;再平层开关 PNP。注意参数 F25 中的 X14(门区信号检测)改为 * 。检查在插入隔磁板时提前开门板上 D1D3 两个灯亮。

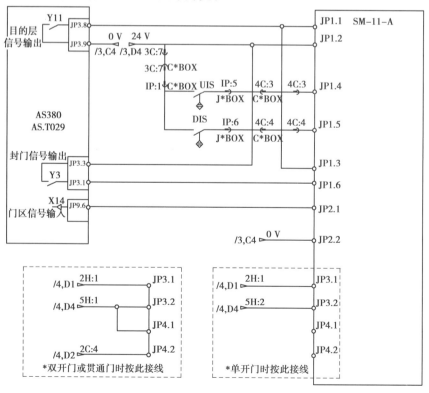

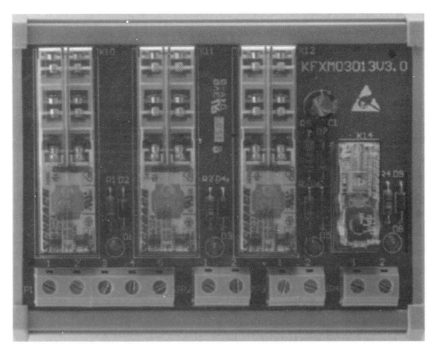

图 3-2-23　新时达系统 UCMP 的接线

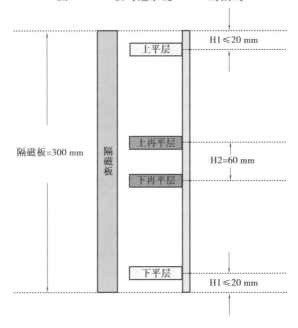

图 3-2-24　平层开关示意图

注意：

①为了方便电梯安装,公司出厂时设置 M0 参数为 36,电梯全部调试后重新设置 45。

②在做抱闸制动力测试时,为了给定输出力矩的准确性,必须正确设置 M3 ~ M6 的参数。

③开通自动抱闸力测试,必须调整好控制系统的设定时间。

参数介绍					
M10:UCM 选项					
		同步电机		异步电机	
位置	注释	默认值	是否可修改	默认值	是否可修改
Bit0	抱闸力自动测试允许/禁止	*	是	—	否
Bit1	UCM 接触器允许/禁止	—	是	—	否
Bit2	UCM 手动允许/禁止	*	是	*	是
Bit3	UCM 抱闸开关允许/禁止	*	是	*	否
Bit4	UCM 门锁允许/禁止		是		否
Bit5	UCMP 故障检测允许/禁止	*	是	*	是
Bit6	上电抱闸力允许/禁止	—	是	—	否
M1:抱闸力手动测试—M1 默认为 0;M1 = 11 时才可进行抱闸力手动测试					
M2:抱闸力矩输出持续时间—M2 默认为 5 s;M2 参数设置范围为 3 ~ 10 s					
M3:抱闸臂个数—根据现场电机进行设置					
M4:电梯额定梯速—根据现场梯速进行设置					
M5:平衡系数—根据现场平衡系数进行设置					
M6:电梯额定荷载—根据现场额定荷载进行设置					

2. 新时达系统 UCMP 的测试

①电梯自动开到合适的楼层,并关好门,处于空闲状态。

②在增值功能→UCM 功能中,选择合适的方向(UCM 上/下行测试),如没关好门,在测试菜单中会提示,也会尝试关门。

③门闭合后提示"请切断门锁",手动断开门锁2H。

④人为将门锁断开后,操作器提示"按 Enter 开始测试",按下 Enter 后,提示"测试中",电梯自动登记就近楼楼层指令运行。主板自动输出,短接门锁,登记该方向的一个指令(可服务层),开始启动。

⑤电梯关门运行,离开门区后,提前开门板断开门锁,电梯急停,提示"测试完成"。

⑥测量轿厢位置,符合国标。

⑦UCMP 故障复位方法:检修下复位门锁、同时按住检修上行和检修下行和公共按钮保持 5 s,可复位 UCMP 故障。注:主板断电再上电,UCM 故障保持,不会复位。

3. 新时达系统抱闸力检测

①确定空轿厢,将电梯拨到检修状态,空载开到顶部第2层。

②将 M1 设置为 11。(使用手持操作器)

③按住检修方向上行不放,主接触器吸合,2 s 后电梯给出爬行速度,给出设定的力矩,并保持 M2 设定的时间,测试完成释放主接触器,M1 自动设置回 0,此时可以释放检修方向按钮。

④查看抱闸测试,可知测试是否成功。如果成功,测试结束。测试期间,如果发现曳引轮位移超过 10 mm,则记录 64 故障:抱闸力严重不足;如果位移不超过 10 mm,则记录 65 故障:抱闸力轻微不足。

⑤如果故障,则应该立刻维修抱闸,然后通过 UCMP 复位方式复位。如果只有 65 号故障,则应该立刻记录有 64 号上报,尽快安排维修。

注意事项:

①按住下方向,电梯不能运行。

②上方向在测试完成前释放,下次按上方向需重新开始测试。

③上方向一直不松开,测试完成会自动停止,释放方向再按下才会运行。

④65 号故障下,状态指示灯双闪提示。

任务三　电梯的井道(含轿顶)部件保养

一、任务目标

①知道电梯井道各部件正常的工作状态;

②能够判断井道各部件是否处于良好的工作状态;

③掌握保养电梯井道各部件的方法。

二、任务描述

电梯井道中涉及电梯系统中很多部件,主要有导轨、曳引绳、对重、上端站保护开关、导靴、随行电缆、层门、轿门、门机、平层装置等主要设备。这些部件的保养是电梯整个保养流程中重要的一个环节。

本任务着重讲述电梯层门、曳引绳、轿门、门机以及上端站保护开关等主要电梯部件的保养规程。

三、相关知识

(一)井道保养安全规范

井道保养基本是在轿顶上进行的。作为一个寂静封闭的区域,井道作业可能是最为棘手和危险的。井道内的各种设备会一直在作业人员四周运转。对于多电梯井道,在轿厢四周稍微超出一点,就存在危险。所以要首先熟悉每个系统且能识别新的故障类型,然后才能开始保养操作。

1.轿顶安全规程

①尽量在最高层站进入轿顶,如果作业要求,则可以利用井道通道。

②必要时使用防坠落装备。

③不要用手去抓绳子。

④在登上轿顶之前,要先按停车按钮,然后打开检修开关,然后打开照明开关。知道安全的落脚点后,关闭厅门。测试停车开关和检修箱。

⑤离开轿顶之前,要将停车按钮复位,然后从厅门外将前面的各个开关按相反顺序复位。

⑥在轿顶活动的时候要小心谨慎,避免碰到轿顶紧急出口盖板、门机以及重开门控制盒。确保轿顶防护栏牢固固定在上梁。

⑦在井道中部的位置要留意上下运行的对重框。

2. 对重

多梯系统中,对重与井道其他设备甚至与其他轿厢对重的间隙可能不到几厘米。在保养对重部件的时候,是必然要超出轿顶范围的。如果作业设备里其他轿厢的设备非常近,则需要将临近的轿厢停运。不要冒险试图避开别的轿厢或者对重的行进路线,因为作业人员看不见也听不到危险的来临。

3. 短接线的用法

保养中时常会需要用短接线短接或切断某些电路。诸如调试门滑轮和门滑块的操作都需要用短接线短接门锁电路。对于将要使用短接线的区域,要研究一下图纸,熟悉该区域。如果作业区域里包括有好几条串连设备,比如门锁或安全回路,则尽量减少短接数量,只对测试需要的部件进行短接。

短接线应长一点,颜色鲜明一些,并制作编号,便于存储和查找。拿短接线的时候要点清楚数目。夹钳应该有良好绝缘,保养得当,连接紧固,这样才能避免与邻近接线端意外接触,而且要与固定配线显著区分。

对控制电路要减少使用短接线。不要在高电压大电流电路中使用短接线,也不能以短接线代替电表作为诊断工具,避免同时短接门电路和联锁电路。如果必须在开门状态下将轿厢从机房开走,则必须保持良好的通信,而且要设置防护栏。比较好的做法是:切断电源然后站在绝缘垫上放置或撤下短接线。

放置短接线之前,绝对有必要使电梯完全处于作业人员的控制之下,并在控制柜中检修。不要抄近道图省事,即使有短接线,轿顶或轿厢检修盒中的开关仍有可能回到自动运行状态。有的定期测试可能需要短接某电路以达到高速运行。此时,要取得对轿厢的控制、关闭门并切断测试中可能触发的门操作电路。作业一结束,要立即撤下短接线。在设备上使用短接线的时候,一定要在机房门和控制器检修开关上贴警示标签,防止在短接的时候使用电梯。结束作业后,要对短接线进行盘点,然后撤离。

(二)进、出轿顶安全操作步骤

①在首层放好厅门护栏,在轿内放好落地警示牌;戴安全帽;将电梯呼到最高层,然后进入电梯轿厢,向下呼两层。

②用厅门门锁匙插入匙孔,顺时针方向旋转并拉动厅门向两旁推开门。开门时,首先将厅门开启约 150~200 mm,观察井道内情况,确定轿厢停在可以进入的适当位置时,才能够将厅门全部打开。

③打开厅门后,按下本层外呼。试验电梯是否因厅门打开电梯停止运行,判断电梯此层门锁电路安全有效。然后手按轿顶急停按钮,关上厅门,再按下外呼,试验电梯轿顶急停开关是否有效断开安全回路。再次打开厅门后,将轿顶检修开关由正常转换到检修位置,恢复轿顶急停开关,关上厅门,按下外呼按钮,观察电梯是否运行或自动平层,试验电梯检修开关是否有效进入检修状态。

进入轿顶前,操作轿顶开关的顺序:打急停开关;开照明灯;把"检修"开关打到"检修"位置。

在确定安全的情况下进入轿顶,进入时要注意用手扶好厅门轻轻放慢关好,进入轿顶后站在安全可靠的地方站好、扶稳。

④进入轿顶后,将急停开关复位,在轿顶单独按下"慢上""慢下"按钮,此时电梯不动作;同时按下"慢上 + 共用(COM)"按钮或"慢下 + 共用(COM)"按钮,电梯点动运行,表示检修操作正常,可以进行轿顶作业。

离开轿顶步骤:

①开动电梯至某个楼层,达到可以接触到门锁的高度。确定(或控制)轿顶停在能出入厅门的适当位置。

②同一楼层进出:按下"急停"开关,打开厅门,操作者离开轿顶,恢复急停。

③不在同一楼层进出:按下"急停"开关,在轿顶上打开厅门不超过 15 cm,放下门阻器,拔出急停开关,按"慢下"和"共用"按钮,验证厅门安全回路有效后,按下"急停"开关,打开厅门,操作者离开轿顶。

④关闭照明开关;将检修开关拨回"正常"位置;拔出"急停"开关,关闭厅门。

⑤确认电梯恢复正常。

切记:在轿顶上进行保养和维修作业时,一定要按下"急停"开关!而且,任何时候,都不能将"检修"开关切换到正常位置!

(三)电梯层门的检查与调整

正确进入轿顶的
方法

1. 准备工作

①电梯检修运行至相应楼层,按下急停开关,确认无误后方可作业。

②将需要用到的工具整齐有序地放置在轿顶横梁上。

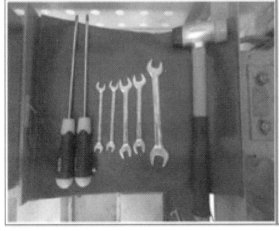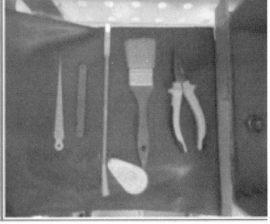

图 3-3-1 准备工具

2. 层门吊高的检查与调整

①用厅轿门专用塞尺,每扇层门测量两个位置,层门地脚与地坎距离为 4 ~ 6 mm。

②调整时,松开层门滑轮组件上的吊挂螺栓,通过增减垫片进行调整。

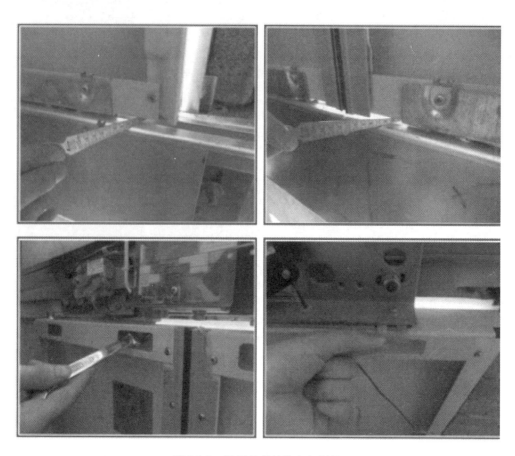

图 3-3-2　层门吊高的检查与调整

3. 层门垂直度的检查与调整

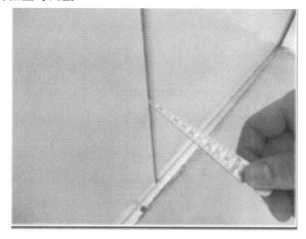

图 3-3-3　层门间隙

①在厅外观测两扇门的关门间隙,用间隙专用塞尺测量层门上部和下部的关门间隙垂直度不能存在 A 形 或 V 形,最小偏差在 2 mm 以下。

②打开层门,在上部用直尺使层门门扇与门套平齐;检查层门是否凸出或凹进门套。

③层门吊高可通过滑轮组件的层门吊挂螺栓处增减垫片来调整。调整结束后重新检查

层门吊高是否符合 4~6 mm 标准,如图 3-3-4 和图 3-3-5 所示。

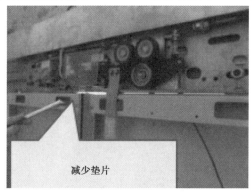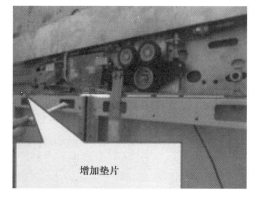

图 3-3-4　A 形门扇的调整

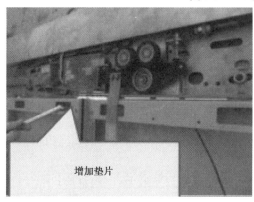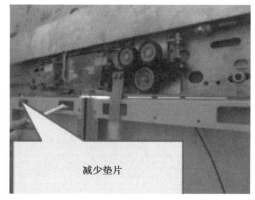

图 3-3-5　V 形门扇的调整

4.层门限位轮的检查与调整

①关闭层门,先用 0.3 mm 的塞尺进行测量,再用 0.7 mm 的塞尺进行测量。层门限位轮与门导轨间隙为 0.3~0.7 mm。

②调整时,用 0.5 mm 的塞尺对每一个限位轮进行测量和矫正,完成后查看限位轮是否顺畅旋转,若不能则加适量机油在限位轮轴承。

图 3-3-6　层门限位轮的检查与调整

5. 层门分中的检查与调整

①一侧层门与门套平齐,观察另一侧是否与门套平齐。若两扇层门同时与门套平齐则为分中。两门允许偏差≤1 mm。

②松开门头钢丝绳上的限位螺母,左右两侧的钢丝绳调整螺栓分别代表左右两扇层门。

图 3-3-7　层门分中的检查与调整

调整说明:

①哪边层门凸出门套,哪边的钢丝绳调整螺栓要扭紧,另一侧螺栓要放松。

②一边扭紧螺栓的幅度与另一边放松螺栓的幅度要一致,否则会改变钢丝绳的张紧力。

6. 层门自动关门装置的检查与调整

①检查自行关闭功能。将层门打开至任何位置后,移去人为阻力,层门都应可靠关闭,且无机械卡阻。

②检查导槽固定可靠,无破损。

③检查钢丝绳无破损,滑轮转动无卡阻。用弹簧秤对钢丝绳施加 1 kg 重力,测量两根钢丝绳的间隙应为 55 ~ 65 mm。

④清洁无异响。重锤与钢丝绳连接牢固;重力关门装置底部的间距为 40 ~ 50 mm。

图 3-3-8　层门自动关门装置的检查与调整

7. 层门与门套缝隙的检查与调整

①打开层门,用间隙专用塞尺进行测量,层门上部与门套的间隙为 4 ~ 6 mm。

②若门套间隙偏大,松开对应那扇层门靠中间的吊挂螺栓,用铁锤敲打层门的上部转角位置。

③若门套间隙过小,则存在层门被刮花的风险。松开对应那扇层门靠中间的吊挂螺栓,手拉层门,用铁锤敲打门滑轮组件,增大门套间隙。

图 3-3-9　层门与门套缝隙的检查与调整

厅门门锁啮合
状况检查调整

注意:调整完成后关上层门,用直尺测量两扇门的平齐度要≤0.5 mm,否则要重新调整层门与门套缝隙。

8. 层门主副门锁的检查与调整

①用三角钥匙测试层门锁。

②检查三角锁、顶杆无卡阻。

导杆无法复位:复位弹簧有断裂,导杆上下运动有阻碍。

三角锁芯无法复位:复位弹簧有断裂,复位弹簧过松,三角锁芯有卡死现象,限位螺丝缺失。

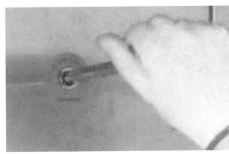

图 3-3-10　门锁调整:层门门锁检查

③松开门锁保护盒螺栓,取出保护盒,用干净抹布清洁主、副门锁。层门主副门锁外观应整洁,触点无磨损。若有黑色氧化物,则需使用 2000 号砂纸进行打磨,打磨后用干净抹布擦拭。

④观测主副门锁触点有无发生变形,如触点变形则需更换。

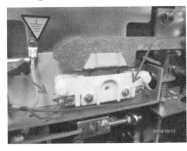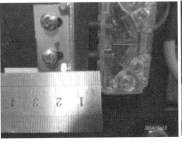

图 3-3-11　门锁调整:主门锁触点更换

主门锁触点压缩量应为 5 ~ 7 mm,副门锁在门关闭后触点压缩量应为 5 ~ 6 mm,接线牢固(与层门锁紧元件啮合长度一起检查)。

更换门锁步骤如图 3-3-11 所示。

a. 用十字螺丝刀拆掉门锁盖板,拆除门锁上的电气接线,再拆除固定螺丝,换上相同规格的门锁触点。

b. 测量门锁触点压缩量应为 5 ~ 7 mm,观察触点在锁孔中间,不碰触点盒。门锁触点应保证在扒门时仍至少有 2 mm 的压缩量。

c. 门关闭后,触点与锁盒至少有 1 mm 间隙,不应紧贴在锁盒上。

⑤检查轿厢地坎与门锁滚轮。如图 3-3-12 所示,将电梯检修运行到轿厢与门锁滚轮平齐位置,用直尺测量轿厢地坎与门锁滚轮之间的间隙为 6 ~ 10 mm。若间隙过大则松开螺栓垫门垫片进行调整;间隙过小则检查层门门头垂直度进行调整。

图 3-3-12　门锁调整:检查轿厢地坎与门锁滚轮

层门主门锁调整步骤如图 3-3-13 所示:

a. 先做好标示,防止调整时位移过大,松开门锁的两个安装螺栓,左右移动门锁进行间隙调整。门锁与门锁座左右间隙为(3 ± 1)mm。调整过后,必须观察轿门门刀与主门锁可动滚轮的左右间隙是否符合 6 ~ 10 mm 标准。

图 3-3-13　门锁调整:主门锁调整(步骤 1)

b. 调整门锁座下面垫片的厚度,使门锁与门锁座上下间隙为(11 ± 1)mm。

图 3-3-14　门锁调整:主门锁调整(步骤 2)

c. 调整门锁座下面垫片的厚度,使可动滚轮完全收尽时锁钩与门锁座的间隙为 3 ~ 9 mm。主门锁保护盒的两条红线与主门锁触点对齐。

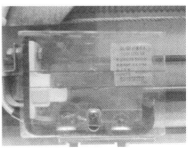

图 3-3-15　主门锁调整(步骤 3)

d. 使用垫片根据需求数量垫入锁座。触点超行程距离为 3 ~ 5 mm,门锁打板与两个触点要分中,且同时接触。作业时,锁座不能前后挪动过大。调整过后,开关门检查,确认门锁与锁座的塑料盖板没有干涉,否则要重新调整。

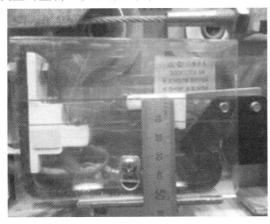

图 3-3-16　主门锁调整(步骤 4)

⑥层门关闭状态下,手拉动层门,使锁钩拉住锁座,目测防撞门止动橡胶的尖部与门锁线导向板软接触。

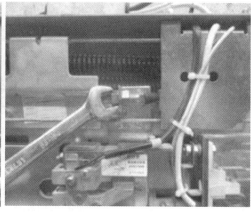

图 3-3-17 主门锁止动橡胶调整

调整步骤：

a. 松开防撞门止动橡胶的锁紧螺母，旋转调整防撞门止动橡胶。

b. 调整防撞门止动橡胶，可有效减少厅轿门联动时的关门声音。

⑦副门锁电气触点有 2～3 mm 的超行程。副门锁打板与后轮接触前的间隙有 0.5～1 mm。

调整方法：可调整打板确保行程，在开关门过程中观察，用 0.5～1 mm 的塞尺测量间隙，确保副门锁两个数据同时符合工艺要求。

⑧站在轿顶合适位置，人为地将层门锁电气触点与锁舌接触。当层门锁电气主触点与锁舌刚接触时，检查层门锁钩最高点与锁臂最低点之间的垂直距离应大于等于7 mm。

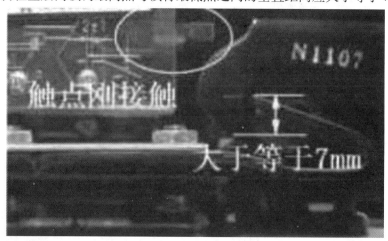

图 3-3-18 门锁啮合度检查

(四)电梯轿门的检查与调整

1. 准备工作

①将电梯开至次高层，电梯置于检修状态：电梯检修下行约 1.5 m 左右(以操作人员能检查轿门系统为准)，打开次高层层门，用门止动橡胶使层门保持开启状态。

②将需要用到的工具整齐有序地放置在层门口外。

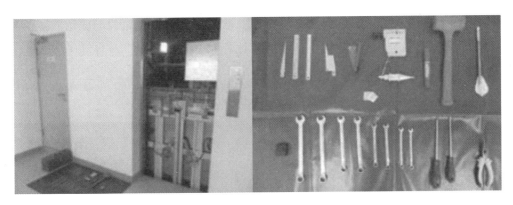

图 3-3-19　轿门的检查与调整准备工具

2. 轿门部分清洁及开关门检查

①用干净抹布清洁门电机、轿门传动机构、轿门导轨、门挂板及门扇等部位。

②检查各紧固螺丝的松动情况,发现松动应立即将其收紧。

③利用轿顶关门按钮,检查轿门是否能正常开关。

④进入轿顶关闭厅门,将电梯开至平层位置。

⑤用轿门带动厅门进行开关门,观察开关门是否正常。

3. 门扇平面度、门扇与门扇、立柱的间隙的检查与调整

①轿门关闭后用专用塞尺对每扇门测量两个位置,轿门脚与地坎的间隙为 4~6 mm。松开轿门滑轮组件上的吊挂螺栓,通过增减垫片可进行调整。

吊挂螺栓

图 3-3-20　轿门门扇与地坎间隙调整

②轿门关闭后用斜塞尺测量门扇上下部的关门间隙,门间隙不能存在 A 形或 V 形。松开轿门滑轮组件上吊挂螺栓,通过增减垫片进行调整。

图 3-3-21　门扇间隙检查

图 3-3-22　门楣间隙调整

③轿门与门楣。轿门关闭后用斜塞尺每扇门取前后两点测量轿门与横梁间隙为 4～6 mm。如图 3-3-22 所示,如需调整,则松开滑轮组件上的吊挂螺栓,在相应位置用铁锤敲打。

④两扇轿门平面度。轿门关闭后用两把直尺两扇轿门取上下两点测量,两扇轿门对口处平面度为≤0.5 mm,如图 3-3-23 所示。如需调整,则松开滑轮组件上的吊挂螺栓,在相应位置用铁锤敲打。

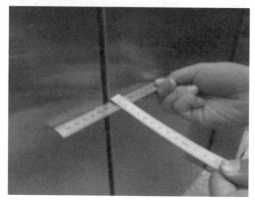

图 3-3-23　轿门平整度检查　　　　　　　　图 3-3-24　轿门立柱检查

⑤轿门与门立柱。打开轿门,用斜塞尺两扇门取上下两点进行测量。如图 3-3-24 所示,两扇轿门与门立柱的间隙为 4～6 mm。如需调整,则松开滑轮组件上的吊挂螺栓,在相应位置用铁锤敲打。

注意:轿门与立柱间隙过小,容易造成开关门过程中刮花轿门表面,故检查时需特别注意。

4. 限位轮间隙检查与调整

①关闭轿门后用塞尺进行测量,轿门门头限位轮与门导轨的间隙为 0.3～0.7 mm。

②用 0.5 mm 的塞尺对每一个限位轮进行测量与矫正,完成后查看限位轮能否顺畅旋转,如若不能,则加适量机油润滑。

图 3-3-25　限位轮间隙的检查与调整

5. 轿门皮带的检查

①手动开关轿门,目测轿门驱动皮带表面无破损、龟裂以及断丝现象。

②根据门宽实际大小来调整皮带的张力。用皮带专用压力计按压皮带中心部位进行

测量。

调整轿门门头上从动轮支架,在相应位置用手锤敲打。

门驱动皮带

图 3-3-26　轿门皮带的检查

6.轿门分中的检查与调整

(1)轿门与立柱

把轿门打开到与立柱平齐的位置,以门刀侧轿门为基准,用直尺测量另一侧轿门是否与轿门立柱平齐。两门允许偏差≤1 mm。

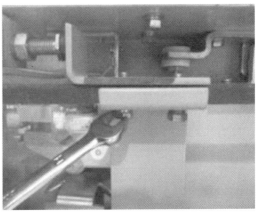

图 3-3-27　轿门与立柱的检查

轿门分中调整前先在驱动带上做好记号,松开驱动皮带(右门)皮带连接板螺栓,即可移动轿门滑轮组件,移动滑轮组件进行分中调整。

(2)轿门凹入立柱

开尽轿门,用两把直尺进行测量。轿门凹入立柱距离为 15 ~ 20 mm。如需调整,则关闭轿门,通过轿门滑轮组件上的开门限位螺栓进行凹入量调整。

(3)关门限位与限位螺栓

关闭轿门后再用手紧闭,目测关门限位与限位螺栓之间应轻贴。如需调整,则松开限位螺栓螺母进行间隙调整。

图 3-3-28 轿门凹入立柱的检查   图 3-3-29 关门限位与限位螺栓的检查

7.门系合装置的检查与调整

（1）门刀垂直度

用线坠和直尺测量轿门门刀垂直度≤1 mm。通过门刀上的 3 个固定螺栓进行调整添加垫片。

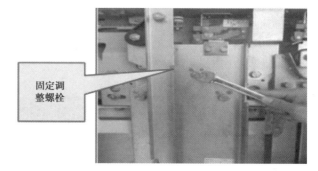

固定调整螺栓

图 3-3-30 门刀垂直度的检查

（2）门系合装置

用直尺测量门系合装置宽度，开门时（90.5 ±0.5）mm；关门时（111.5 ±1）mm。不符要求时需及时调整。

图 3-3-31 门系合装置的检查

（3）门刀提升轮

①用直尺测量门刀提升轮进入动作导槽时,滚轮下端面与导槽间隙为 1 ~ 2 mm。活动滚

轮在动作导槽上软接触的尺寸为15～25 mm。

②在开关门过程中,用直尺测量活动滚轮插入动作导槽深度≥2/3。

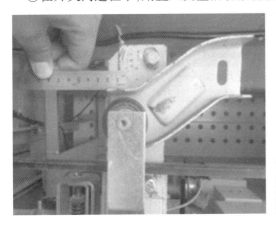

图3-3-32　门刀提升轮的检查

如需调整,则:

①松开动作导槽固定支架的两个螺栓,调整滚轮下端面与导槽间隙。

②在动作导槽固定支架上插入垫片,保证动作滚轮插入深度。

8.门刀间隙分中的检查与调整

(1)门刀与层门踏板

让轿厢门刀靠近层门踏板,用直尺进行测量,门刀与层门踏板间隙应为(8±2)mm。

图3-3-33　门刀与层门踏板的检查

(2)门刀与门锁轮

检查步骤:

①可以用大约130 mm长的胶布贴在层门踏板上,以门刀两边内侧为准线,在胶布上画两条直线。

②电梯平层,将胶布再次贴在轿厢踏板上,将层门踏板上的两条垂线引到轿门踏板上。

③慢车运行,将轿厢踏板靠近层门锁轮,用两把直尺进行测量门刀与门锁轮的间隙为8±2 mm。

可以参考保养手册中门系合装置、轿厢导靴、层门调整工艺。

图 3-3-34　门刀与门锁轮的检查

（五）安全触板的检查与调整

1. 安全触板与轿门端面、地坎

用两把直尺进行测量安全触板与轿门端面平行度误差要求 < 3 mm。下端面与地坎的间隙 10 ± 3 mm。如需调整，则通过松开上下摆杆座固定螺栓 M10，用手锤轻轻敲打摆杆座来调整。

图 3-3-35　安全触板与轿门端面、地坎的检查

2. 安全触板凸出轿门端面

用两把直尺测量安全触板凸出轿门端面距离，双触板（30 ± 2）mm，单触板（35 ± 2）mm。如需调整，则通过上摆杆座调整螺栓（左）来调整。

3. 安全触板凹入门端面

用直尺测量全工作行程时，安全触板凹入门端面 2 mm。如需调整，则通过上摆杆座（右）调整螺栓来调整。

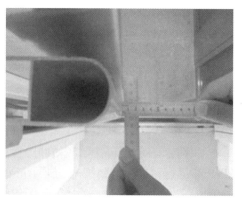

图 3-3-36　安全触板凸出轿门端面的检查　　图 3-3-37　安全触板凸出轿门端面的检查

4. 安全触板工作行程

用直尺进行测量。安全触板工作行程为 3~5 mm 时切断开关,且全程只能动作一次。如需调整,则通过上摆杆座开关固定螺栓来调整,如出现二次动作则调整开关压头。

5. 两安全触板之间的间隙

轿门完全关闭时,两安全触板之间间隙应为 4 mm。如需调整,则通过松开安全触板提升装置螺栓,用手锤轻敲相应位置。

图 3-3-38 安全触板工作行程的检查 　　　图 3-3-39 安全触板之间间隙的检查

注意:要先松开摆杆座上的调整螺栓。

6. 安全触板凸轮进入提升装置

用直尺进行测量,安全触板凸轮进入提升装置前端要有 3 mm 的间隙。如需调整,则松开安全触板支架螺栓,用手锤轻轻敲打相应位置。

图 3-3-40 安全触板凸轮进提升装置的检查

7. 清洁

先用干净的抹布清洁摆杆和开关座上的尘埃,然后在开关压头和开关滚轮之间加几滴机油,让其充分润滑。

(六)光幕的检查与调整

按照公司程序文件进入轿顶,检修运行至合适位置检查光幕。

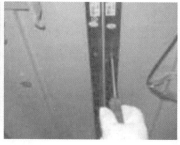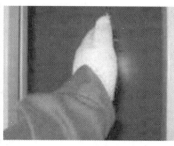

图 3-3-41　光幕的检查与调整

①用干净、柔软的抹布将光幕线缆上的灰尘和油污擦拭干净。在光幕线连接和固定位置检查线缆的连接和固定状况,确认其没有磨损或被门或门机造成其他损坏,如果发现线缆被损坏,则立即更换。

②检查、紧固光幕固定螺栓、接地线螺栓。

③用手测试门保护装置功能正常有效,门重开到位。

(七)轿门电气锁的检查

①清洁轿门门锁。

②检查滚轮与开关挡板间隙,触点压缩行程≥3 mm。

③检查门关到位后,门锁还有一定的行程,防止门锁被压坏(注:用手下压触点,门锁应还有行程余量)。

④测试轿门锁功能正常。门机断电,打开轿门。

图 3-3-42　轿门电气门锁的检查

更换电梯导靴

（八）导靴的检查与调整

①打开油盖,检查毛毡是否齐全,油杯有无破损。

②拆除油杯。

③检查靴衬磨损情况。

磨损严重的靴衬须更换,步骤如下:

①用两把 13 mm 扳手拆除导靴上部固定板。

②取出导靴中靴衬。

③清洁导靴内部。

④将新靴衬安装于导靴内。

⑤安装导靴固定板。

图 3-3-43　导靴的清洁与更换

（九）导轨的检查

电梯导轨是电梯上下行驶在井道的安全路轨,被导轨支架固定连接在井道墙壁上。电梯常用的导轨是"T"字导轨,具有刚性强、可靠性高、安全等特点。导轨平面必须光滑,无明显凹凸不平表面。由于导轨是电梯轿厢上的导靴和安全钳的穿梭路轨,长时间运行可能导致表面有毛刺、接头有台阶等问题,从而影响电梯的舒适感;而导轨上的油泥不及时清理不仅会影响舒适感,更重要的是导轨在电梯出现超速事故时要承受制停电梯的要任,大量的油泥会使摩擦系数降低,可能导致安全钳动作时无法夹住导轨。

（1）导轨支架的检查与清洁

按照公司程序文件进入轿顶,检修运行清洁导轨。具体步骤是:

①清洁导轨支架。

②用 19 mm 呆扳手检查压导板螺栓紧固。

③用 19 mm 呆扳手检查导轨支架螺栓紧固。

图 3-3-44　导轨支架的检查与清洁

（2）导轨的检查与清洁

步骤如下：

①拆除油杯。

②轿顶检修运行，用抹布蘸煤油自上而下清理整根导轨（包括轿厢和对重导轨）面上的油泥和灰尘。

③检查整个导轨工作面应平整、无凸凹及毛刺，导轨的连接处缝隙应小于 0.5 mm，台阶应小于 0.05 mm。如果有毛刺或台阶用锉刀修理台阶或毛刺。

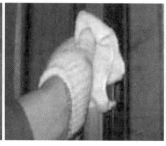

图 3-3-45　导轨的检查与清洁

（十）端站保护开关的检查

三级保护开关的检查

操作步骤：

①1人轿厢检修运行至合适位置后，1人从最底层进入底坑。

②检修向下运行，当下限位开关进入打板直身面时，停止电梯，测量打板与开关铁盒之间的间隙及直身面分中。

③拆开开关外壳保护盖，目测检查触点的氧化、硫化情况。轻微氧化硫化时，可用干净棉布或 CRC 精密电器清洁剂清洁触点，并在 3 个月内再次检查；触点表面明显发黑时，用 2000# 砂纸轻擦动触点上的氧化、硫化层。

④检查内部接线、触点基片是否生锈，如出现锈蚀现象，需直接更换。

⑤运行慢车，运行时手动按压极限开关，确认开关性能良好。

⑥检查限位开关支架组件插接接线盒内的接线是否存在氧化、锈蚀现象，如已锈蚀，则直接用闭端端子将接线作压接处理。

⑦进入轿顶，用轿顶检修上行方式运行电梯对上限位开关及接线进行检查。

四、任务实施

完成表 3-3-1 电梯井道（含轿顶）保养作业记录表。

表 3-3-1　电梯井道（含轿顶）保养作业记录表

项目名称：＿＿＿＿＿＿＿＿＿＿＿＿　　　　　　　保养日期：＿＿＿＿年＿＿月＿＿日

序号	维保项目（内容）	维保基本要求	梯号：	检查情况
1	轿顶	清洁，防护栏安全可靠		
2	轿顶检修开关、急停开关	工作正常		
3	导靴上油杯	吸油毛毡齐全，油量适宜，油杯无泄漏		
4	对重块及其压板	对重块无松动，压板紧固		

续表

序号	维保项目(内容)	维保基本要求	梯号:	检查情况
5	井道照明	齐全、正常		
6	轿厢照明、风扇、应急照明	工作正常		
7	轿顶检修开关、急停开关	工作正常		
8	轿门门锁电气触点	外观清洁,触点接触良好,接线可靠		
9	层门地坎	清洁		
10	层门自动关门装置	正常		
11	层门门锁自动复位	用层门钥匙打开手动开锁装置释放后,层门门锁能自动复位		
12	层门门锁电气触点	清洁,触点接触良好,接线可靠		
13	层门锁紧元件啮合长度	不小于 7 mm		
14	层门、轿门系统中传动钢丝绳、链条、胶带	按照制造单位要求进行清洁、调整		
15	层门门导靴	磨损量不超过制造单位要求		
16	曳引绳绳头组合	螺母无松动		
17	限速器钢丝绳	磨损量、断丝数不超过制造单位要求		
18	层门、轿门门扇	门扇各相关间隙符合标准		
电梯维保建议:		客户评价及建议:		
维护员负责人:		客户确认:		

五、任务评价

任务完成后,教师组织学生进行分组汇报,分析评价指标,并给予评价。

表 3-3-2　电梯井道(含轿顶)部件保养任务学生评价表

实训任务:

	序号	评价内容	分值/分	评分标准	得分/分	备注
小组自评	1	安全意识	10	不按要求穿工作服、戴安全帽,扣2分;在基站没有设立防护栏和警示牌,扣2分;不按要求进行带电或断电作业,扣2分;不按安全要求规范使用工具,扣2分;其他违反安全操作规范的行为,扣2分		
	2	门锁的保养	20	保养操作不规范,扣3分;门锁保养不符合标准,扣12分;保养记录单填写错误、未填写,扣5分		

续表

	序号	评价内容	分值/分	评分标准	得分/分	备注
小组自评	3	层门的保养	20	保养操作不规范,扣3分;层门保养不符合标准,扣12分;保养记录单填写错误、未填写,扣5分		
	4	轿顶检修开关、急停开关的保养	20	保养操作不规范,扣3分;制动器保养不符合标准,扣12分;保养记录单填写错误、未填写,扣5分		
	5	绳头组合的保养	20	保养操作不规范,扣3分;主驱动链保养不符合标准,扣12分;保养记录单填写错误、未填写,扣5分		
	6	职业规范环境保护	10	在操作过程中工具和器材摆放凌乱,扣2分;不爱护设备、工具,不节省材料,扣2分;在工作完成后不清理现场,在工作中产生的废弃物不按规定处置,各扣2分		
	7	总结与反思				

实训任务:

	序号	内容	评价结果
小组评价	1	在小组讨论中能积极发言	□优□良□中□差
	2	能积极配合小组成员完成工作任务	□优□良□中□差
	3	在电梯曳引机维护保养中的表现	□优□良□中□差
	4	能够清晰表达自己的观点	□优□良□中□差
	5	电梯试车前检查中的表现	□优□良□中□差
	6	安全意识与规范意识	□优□良□中□差
	7	遵守课堂纪律	□优□良□中□差
	8	积极参与汇报展示	□优□良□中□差
教师评价	9	综合评价: 评语: 教师签名: ___年___月___日	

六、问题与思考

①井道的保养包括了_____、_____、_____、_____、_____几大部分的检查和保养。

②厅门联锁用于对门进行_____和_____上的锁闭。

③一般电梯井道中上、下各设三级保护：_____、_____、_____。

④曳引电梯曳引绳是怎样检验的?

⑤调节门锁时,应遵循哪些程序?

任务四　电梯的底坑(含轿底)部件保养

一、任务目标

①知道电梯底坑及轿底各部件正常的工作状态;

②能够判断底坑及轿底各部件是否处于良好的工作状态;

③掌握保养电梯底坑及轿底各部件的方法。

二、任务描述

底坑及轿底部分的保养主要包括缓冲器、补偿绳/链、轿底导靴、安全钳、张紧装置、下端站保护开关以及底坑照明等部件的检查和保养。

本任务着重讲述电梯缓冲器、张紧装置、安全钳等主要电梯部件的保养规程。

三、相关知识

(一)底坑保养安全规范

①底坑各安全开关验证过程中,必须同时有两道有效的保护,否则禁止身体进入井道。

②所有打开厅门操作,必须只能使用三角钥匙打开厅门。不得使用其他任何工具替代三角钥匙。

在上述验证过程中,如发现任何安全回路失效,应立即停止操作,先修复电梯故障,如不能立即修复,则须将电梯断电、上锁、设标签。

③为避免操作者误入井道,完全打开厅门过程中,操作者必须采取侧身方式推开厅门。

④禁止电梯自动运行时,人员滞留在电梯底坑。

⑤在电梯底坑作业时,底坑急停开关必须处于断开状态。

⑥关闭照明开关和拔出上急停开关过程中,操作者必须身处井道之外。

⑦在底坑内工作时,底坑内必须有充足的照明,并设井道照明开关,开关位置应在爬梯扶手附近且高出地坎 1 000 ~ 1 500 mm 处(进入底坑时易于接近)。

⑧底坑通道必须清洁畅通,底坑爬梯应安在层门侧面井道壁上,爬梯上端脚踏杆应至少与底层层门地坎齐高,且其扶手延伸至地坎之上 1 100 ~ 1 400 mm,爬梯下端踏杆距坑底不大于 300 mm。

⑨无论在轿顶、底坑或机房等任何位置,在正在运转或移动的设备旁作业时,均不得配戴手套,并注意衣物等不被缠绕。

⑩底坑操作人员必须时刻保持可以触及底坑急停开关,以防万一。

底坑应设上、下两个急停开关,上急停开关应设在爬梯扶手附近且高出地坎 1 000 ~ 1 500

mm 处(进入底坑时易于接近),下急停开关应设于爬梯附近且高于底坑地面 600 ~ 1 100 mm 处(在底坑时易于接近)。

⑪禁止在轿顶、底坑上下立体交叉作业,如因工作任务需要上下配合作业,应遵循如下原则:

a. 双方必须沟通清晰顺畅,每次沟通必须有问有答,如:"上行!","上行啦?","好!上行!"。

b. 轿顶操作人员必须听从底坑操作人员的指挥。

c. 轿顶操作人员必须保证轿顶没有任何可能掉落底坑的物体,如工具、部件、手机等。

d. 底坑操作人员每次下达指挥口令前,必须确保自己处于安全位置。

(二)进、出底坑安全操作步骤

底坑作业安全关注要点(进入电梯底坑):

①在最底层放好厅门护栏,在轿内放好落地警示牌。

②将电梯开至最底层,在电梯内分别按向上相邻两个楼层的内呼按钮;待轿厢运行至离开最底层厅门位置,用三角钥匙打开厅门不超过 15 cm,放置厅门限位器,按下外呼按钮,等待至少 10 s,观察、询问,确保电梯轿厢里没有乘客进入,观察轿厢不再移动,此时已验证厅门安全回路有效。

③推开厅门,使用厅门限位器,固定厅门,按下"上急停"开关,取出厅门限位器,关闭厅门,按下外呼按钮,等待至少 10 s。打开厅门不超过 15 cm,观察轿厢没有移动,即验证上急停开关有效。

④推开厅门,使用厅门限位器,固定厅门,打开底坑照明开关,沿爬梯下到底坑,按下"下急停"开关,沿爬梯出底坑,拔掉"上急停"开关,取出厅门限位器,关闭厅门,按下外呼按钮,等待至少 10 s。打开厅门不超过 15 cm,观察轿厢没有移动,即验证下急停开关有效。

⑤推开厅门,使用厅门限位器,固定厅门,按下"上急停"开关,沿爬梯进入底坑,调整厅门限位器,将厅门固定在最小的开启位置,开始进行底坑工作。

底坑作业安全关注要点(出电梯底坑):

①确认上、下急停开关均处于"关闭"状态。

②打开厅门,将厅门固定在开启位置。

③拔出"下急停"开关,关闭照明开关。

④沿爬梯爬出底坑。

⑤拔出"上急停"开关。

⑥关闭厅门,确认电梯恢复正常。

(三)电梯安全钳的检查与调整

1. 准备工作

①按照上述步骤正确进入底坑,将电梯检修下行至能够检查安全钳的适当位置,确认无误后方可作业。

②将需要用到的工具整齐有序地放置在底坑。

安全进入底坑操作

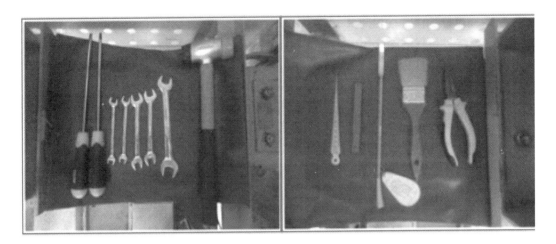

图 3-4-1 准备工具

③熟悉安全钳的结构。

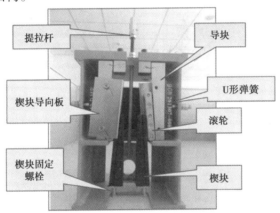

图 3-4-2 安全钳的结构

2. 安全钳的检查

①安全钳的各连接杆如图 3-4-3 所示。各连接杆的检查：

a. 向上提拉限速器钢丝绳时，提拉臂、提拉杆动作顺畅。

图 3-4-3 各连接杆的检查

b. 左右提拉杆工作行程相同。

c. 轿顶横梁提拉杆的限位螺栓无松动。

注意：连接销 2 不能转动时，应考虑提拉杆是否太长。

② 安全钳电气开关的检查，如图 3-4-4 所示。

a. 用约 40 kg 的力手拉限速器钢丝绳时，安全钳开关需动作。

b. 安全钳开关与打板的间隙为 2～3 mm。

c. 提拉臂复位弹簧。提拉臂复位弹簧的长度应调整为 192 ± 4 mm。

图 3-4-4　安全钳电气开关的检查　　　　图 3-4-5　提拉臂复位弹簧的检查

3. 安全钳锲块的检查与调整

（1）楔块与导轨

楔块与导轨间隙为 5.0 ± 0.5 mm。

图 3-4-6　锲块与导轨的检查

用直尺进行测量。直尺测量读取尺寸时，应读取间隙可见的单位格数来计算间隙值，而不是直接读取刻度值。

（2）安全钳嘴与导轨

安全钳嘴与导轨间隙为 3.5 ± 0.5 mm。在安全钳嘴上部插入塞尺或斜塞尺进行测量。

（3）楔块滚花面

楔块滚花面不能堵塞，不能磨损。卸下楔块固定螺杆，用手顶起楔块，确认楔块在接触到导轨前能平滑地向上运动(试验 3 ~ 4 次),同时确认楔块的行程,检查后把楔块复位。

注意:若滚花面堵塞,则电梯制停距离难以保证,需用钢丝刷清扫。

(4)楔块凸出导轨面

直尺测量楔块凸出导轨面间隙为 4.5 ~ 5.5 mm。当安全钳楔块、安全钳嘴与导轨间隙不满足要求时,必须先对轿厢水平度≤2/1 000 进行确认。当轿厢水平度符合要求时,应用松 3 紧 1 的方法移动轿底导靴座来进行调整(哪一边超标,导靴应往哪一边平行移动)。

(5)楔块行程

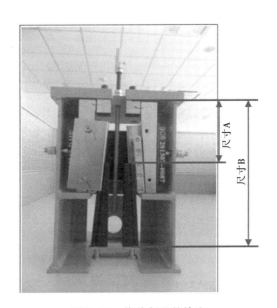

图 3-4-7 锲块行程的检查

尺寸 A——钳体下端面与楔块上端面的尺寸。

尺寸 B——钳体下端面与楔块下端面的尺寸。

检查时,在轿顶向上提拉限速器钢丝绳,四个楔块必须同时拉起。

若楔块的行程超标,应检查安全钳楔块与导轨间隙、安全钳提拉杆与提拉臂的配合(提拉杆应自由下坠)、楔块导向板与楔块的配合。

注意事项:具体型号尺寸可查阅《安全钳型号及调整尺寸汇总表》。

(四)缓冲器的检查与调整

液压缓冲器长期在底坑,容易受环境的影响,比如出现缸体生锈、开关动作棒生锈等情况时,会影响缓冲效果,故需定期对缸体进行清洁及润滑。

1. 缓冲器的安装要求

轿厢在两端站平层位置时,轿厢、对重装置的撞板与缓冲器顶面间的距离,液压(耗能型)缓冲器应为 150 ~ 400 mm;缓冲器活塞柱的不垂直度应不大于柱塞高度的 0.5%;缓冲器压缩、复位应灵活;压缩时电气开关应可靠动作。缓冲器恢复到原状,所需时间应不大于 120 s。

轿厢或对重作用于两个缓冲器时,则两缓冲器的顶面应在同一水平高度偏差不大于 2 mm。

轿厢、对重装置的撞板中心与缓冲器中心的偏差不大于 20 mm。

2.缓冲器的检查与保养

在基站、轿内、操作层放置对应护栏,按照公司程序文件安全进出底坑。

①检查缓冲器塑料防护套,应完好无缺。

②用19 mm扳手检查轿厢、对重缓冲器底座固定可靠。

③拿掉轿厢和对重缓冲器塑料防护套,清洁缓冲器。

④检查轿厢和对重缓冲器开关的固定和接线应可靠,开关的动作杆与开关动作棒的接触面应在有效范围内(两者刚好接触为准)。

⑤检查液压缓冲器缸体表面和开关动作棒是否生锈,如缸体、开关动作棒生锈,应用除锈剂(如WD40等)喷在生锈处,再用布擦去锈迹。

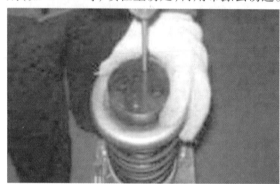

图3-4-8 液压缓冲器的除锈

a.用十字螺丝刀拆除缓冲器橡胶垫。

b.拆除内六角固定螺栓。

c.取下缓冲器弹簧。

d.用除锈剂(如WD40等)喷在生锈处,再用抹布擦去锈迹。除锈完毕后安装复原。

⑥检查油位与加油。

a.拧下油位螺栓。

b.将油位螺栓上的油用抹布擦干净。

c.将油位螺栓拧入缓冲器后,并再次拧下。

d.检查油位和油质,如果油位在两刻度线以下则需加油至两刻度线中间为止,油质变稀应查明原因并换油。

⑦双手用力压下缓冲器柱塞,开关动作可靠。充分压缩柱塞后,放开双手,其恢复时间应

在 2 min 内。

⑧检查完毕后套上防护套。

图 3-4-9　液压缓冲器油位检查与加油

(五)张紧装置的检查与调整

①清洁卫生。用刷子清理张紧轮上的积尘。

②用卷尺测量重锤与底坑地面距离,应保持在 200 ± 50 mm。如果不满足上述距离,需调整限速器钢丝绳长度来满足要求。

图 3-4-10　缓冲器柱塞检查

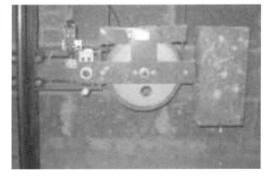

图 3-4-11　重锤与地面的距离检查

③检查张紧装置的灵活性。操作方法是:

a. 按照公司程序文件进入轿顶,一人在轿顶检修往上运行。

b. 底坑人员观察张紧轮转动,应灵活无异响。

④检查张紧轮开关接线、接地线牢固。

⑤检查张紧轮的电气开关。目测检查张紧轮开关与打板间隙,应保持在 4 ~ 6 mm。如果

不满足上述要求,用螺丝刀、扳手调整张紧轮开关螺栓或打板螺栓。底坑人员动作张紧轮开关后,电梯将无法运行,表示开关正常。

四、任务实施

完成表3-4-1电梯底坑(含轿底)部件的保养作业记录表。

表3-4-1 电梯底坑(含轿底)部件的保养作业记录表

项目名称:＿＿＿＿＿＿＿＿＿＿＿＿＿＿＿＿＿ 保养日期:＿＿＿＿年＿＿月＿＿日

序号	维保项目(内容)	维保基本要求	梯号:	检查情况
1	底坑环境	清洁,无渗水、积水,照明正常		
2	底坑急停开关	工作正常		
3	耗能缓冲器	电气安全装置功能有效,油量适宜,柱塞无锈蚀		
4	限速器张紧轮装置和电气安全装置	工作正常		
5	安全钳底座	固定,无松动		
6	轿底各安装螺栓	紧固		
7	缓冲器	固定,无松动		
电梯维保建议: 维护员负责人:		客户评价及建议: 客户确认:		

五、任务评价

任务完成后,教师组织学生进行分组汇报,分析评价指标,并给予评价。

表3-4-2 电梯机房保养任务学生评价表

实训任务:

	序号	评价内容	分值/分	评分标准	得分/分	备注
小组自评	1	安全意识	10	不按要求穿工作服、戴安全帽,扣2分;在基站没有设立防护栏和警示牌,扣2分;不按要求进行带电或断电作业,扣2分;不按安全要求规范使用工具,扣2分;其他违反安全操作规范的行为,扣2分		
	2	安全钳的保养	20	保养操作不规范,扣3分;安全钳保养不符合标准,扣12分;保养记录单填写错误、未填写,扣5分		
	3	缓冲器的保养	20	保养操作不规范,扣3分;缓冲器保养不符合标准,扣12分;保养记录单填写错误、未填写,扣5分		

续表

	序号	评价内容	分值/分	评分标准	得分/分	备注
小组自评	4	张紧装置的保养	20	保养操作不规范,扣3分;张紧装置保养不符合标准,扣12分;保养记录单填写错误、未填写,扣5分		
	5	下端站保护开关的保养	20	保养操作不规范,扣3分;下端站保护开关保养不符合标准,扣12分;保养记录单填写错误、未填写,扣5分		
	6	职业规范环境保护	10	在操作过程中工具和器材摆放凌乱,扣2分;不爱护设备、工具,不节省材料,扣2分;在工作完成后不清理现场,在工作中产生的废弃物不按规定处置,各扣2分		
	7	总结与反思				

实训任务:

	序号	内容	评价结果
小组评价	1	在小组讨论中能积极发言	□优□良□中□差
	2	能积极配合小组成员完成工作任务	□优□良□中□差
	3	在电梯曳引机维护保养中的表现	□优□良□中□差
	4	能够清晰表达自己的观点	□优□良□中□差
	5	电梯试车前检查中的表现	□优□良□中□差
	6	安全意识与规范意识	□优□良□中□差
	7	遵守课堂纪律	□优□良□中□差
	8	积极参与汇报展示	□优□良□中□差
教师评价	9	综合评价: 评语: 教师签名: ___年___月___日	

六、问题与思考

①底坑及轿厢下部分的保养主要包括_____、_____、_____、_____和底坑部件的检查和保养。

②缓冲器是由于某种原因,_____或_____超越极限位置发生蹲底时,用来吸收轿厢或对重动能的制停装置。

③缓冲器一般按结构分为_____和_____两种。

任务五　自动扶梯的维护

一、任务目标

①知道自动扶梯各部件正常的工作状态；
②能够判断自动扶梯各部件是否处于良好的工作状态；
③掌握维护保养自动扶梯各部件的方法。

二、任务描述

自动扶梯是商场、地铁站等公共场所的一个重要交通运输工具。保证自动扶梯安全、可靠运行及消除可能会发生的安全隐患，减少停用时间及维保费用，是一名电梯维保工程师应具备的技能之一。

本任务以三菱电梯 K 型自动扶梯为例，重点介绍自动扶梯的结构以及自动扶梯日常维护的方法。

三、相关知识

（一）自动扶梯的结构

自动扶梯是一种用于向上或向下倾斜运输乘客的带有循环运动梯路的固定电力驱动设备。它由一系列的梯级和两根梯级链条连接在一起形成闭合回路，在一定的梯路导轨上运行。自动扶梯上装有与梯级同步运行的活动扶手，供乘客乘用时握住。自动扶梯可连续运行，能在短时间内输送大量人流。

自动扶梯主要由桁架和梯路系统、驱动装置、扶手系统、上下部总成、梯级和梯级链、安全装置、装潢部件、润滑系统和电气控制等部件组成，如图 3-5-1 所示。

（1）驱动装置

驱动装置主要由驱动链轮、梯级链轮、扶手驱动链轮、主轴及制动轮或棘轮等组成。该装置从驱动机获得动力，经驱动链用以驱动梯级和扶手带，从而实现扶梯的主运动，并且可在应急时制动，防止乘客倒滑，确保乘客安全。

（2）桁架和梯路系统

桁架的作用在于安装和支承自动扶梯的各个部件、承受各种载荷。梯路系统的作用在于支承由梯级传来的载荷，保证梯级按一定的线路运行。

（3）扶手系统

扶手系统是供站立在梯级上的乘客扶手之用。扶手系统由扶手驱动系统、扶手带和护栏等组成。护栏具有保护乘客和支撑扶手带的作用，有多种规格可供选择。

（4）梯级

梯级供乘客站立之用，由梯级链对其进行牵引实现乘客运输。

（5）梯级链

梯级链是传递牵引力牵引梯级的部件，一台自动扶梯由两条梯级链构成闭合环路作同步运行。

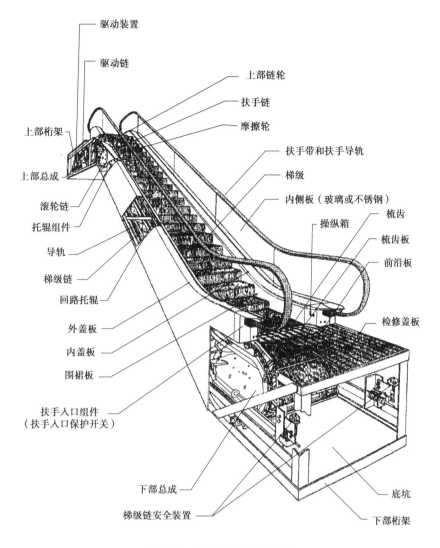

驱动装置
驱动链
上部链轮
扶手链
摩擦轮
上部桁架
扶手带和扶手导轨
梯级
上部总成
内侧板（玻璃或不锈钢）
滚轮链
操纵箱
梳齿
托辊组件
梳齿板
导轨
前沿板
梯级链
回路托辊
外盖板
内盖板
检修盖板
围裙板
扶手入口组件
（扶手入口保护开关）
下部总成
底坑
梯级链安全装置
下部桁架

图 3-5-1 K 型自动扶梯的结构

（6）安全装置

自动扶梯设置有多种安全装置,除标准配置的安全装置外,可根据用户的需求选配一些其他的安全装置。

（7）装潢部件

自动扶梯的标准装潢部件都采用发纹不锈钢或黑色电泳钢板制成,包括前沿板、内侧板、内外盖板、围裙板等。

（8）润滑系统

自动扶梯使用了大量的链条,如梯级链、驱动链、扶手链等。这些链条的润滑对保证它们的寿命和保证自动扶梯的性能质量都至关重要。K 型自动扶梯使用自动加油装置,定期定量地为运行中的链条进行加油,以达到保持自动扶梯良好运行状态的目的。

（9）电气部分

电气部分设有控制屏、操纵箱等。变频扶梯还有乘客检测装置和运行指示器等。自动扶梯的开、关机必须通过钥匙来操作。变频扶梯运行中间歇性的停车则取决于入口处乘客传感器及其微机控制系统。

（二）自动扶梯维护与保养的一般要求

为了保证自动扶梯在使用寿命期间能连续、正常、可靠地运行，必须按照法规要求定期并正确地进行周期检查。

①月度维保，每月必须至少进行一次安全控制预防性维护。

②季度维保，在月度维保的基础上必须每季度再至少补充一次安全检查预防性维护。

③年度维保，每年必须至少进行一次安全检查预防性维护。

1. 维保须知

①维保时参阅该自动扶梯随机文件，按该梯的型号、控制方式进行维护。维保时参阅该自动扶梯随机文件中的电气资料。

②维保时参阅该自动扶梯随机文件，排除故障，恢复扶梯正常运行。

③遵守安全规定，现场不具备安全条件时拒绝工作。

④维保现场必须要有足够的照明措施。

⑤定期维护扶梯，并做好每次维护记录。维保作业必须填写故障记录，必须要有日期、梯号、故障代码、处理措施、现在状态、处理人详细信息。

⑥建立维修人员和维保人员沟通机制，如工作交接、班前会议等。

2. 安全注意事项

①勿在电源接通的状态下进行接线作业，否则会有触电危险。

②勿在拆下无防护装置的状态下运行，否则会有触电危险。

③在维护电气系统或进入扶梯机坑前必须关闭控制柜上的主电源开关并上锁，确保该开关在解锁前无法合闸。

④勿在通电状态下维护控制柜内电气线路，否则会有触电危险。

⑤非电气施工专业人员请勿进行维护、检查或更换部件，否则会有触电危险。

⑥穿着宽松的衣服或佩戴着饰品以及没有佩戴护目镜时请勿进行有关扶梯维保的作业，否则会有触电或受伤的危险。

⑦安装、接线、修理、检查和更换部件请由熟悉扶梯电气的安装、调整、修理的专人进行。

⑧进行扶梯的维护检查、电气部件更换等作业前请摘下手表、戒指等金属物品。

3. 安全操作规定

①应根据周围实际情况，确定维护所需空间，设置"维护保养中、暂停使用"的告知牌或护栏隔离，非维护人员不得进入维护现场。

②进入维护现场，维护人员必须穿戴好个人劳防用品。

③维护现场必须有足够的照明，否则会给维护人员带来不便，严重时会发生人身伤害。

④维护过程中，如果存在影响扶梯维护的安全隐患时，须停止施工，在安全隐患排除后才可重新施工。

⑤在室外进行维护期间，如遇到恶劣天气等影响安全施工的情况时，应停止作业。

⑥维护人员在实施危险性较大的作业时，必须采用指令信号操作方法。操作者在操作前必须先目检并用手指指向被操作物，然后大声说出随后将操作的内容，其他人必须随声大声附和后，确认可以操作后，才可实施操作。基本的指令信号操作方法见表3-5-1。

表 3-5-1 安全操作规定

序号	操作内容	目视手指方向	安全口令
1	电源(或安全)开关断开时: ①切断前;②切断后	电源(或安全)开关	①开关断电 ②断电确认
2	电源(或安全)开关接通时: ①接通前;②接通后	①周边环境 ②电源(或安全)开关	①开关送电 ②送电确认
3	自动扶梯上行		上行
4	自动扶梯下行		下行
5	停止		停
6	微量上行		点动上
7	微量下行		点动下
8	手动盘车上行		手盘上
9	手动盘车下行		手盘下

⑦严禁维护现场放置易燃易爆等危险物品及烟火入内,以免发生火灾或其他灾害。

⑧维护人员应特别注意自动扶梯与建筑物楼板之间的交叉处、自动扶梯与自动扶梯之间的交叉处,避免撞伤、夹伤等情况。

⑨维护人员应特别注意避免发生坠落、跌倒、滑倒、翻越扶手装置跌落等伤害。

⑩维护人员在作业过程中,不应站在梯级轴等不稳定的部件上,如需要应站在桁架内横梁等稳定且可承重的部件上并注意保持平稳。

⑪重物的移动或起吊必须严格执行相关的安全操作规程。

⑫维护过程中,注意对产品的保护,施工区域物品应堆放整齐、合理,避免损坏部件。

⑬原则上不应进行带电作业,在不得已的情况下一定要带电作业时,必须有人监护并采取可靠的安全防护措施后方可进行。

⑭原则上不应跨接安全回路,如有需要,必须使用专用的跨接线按相关规程操作,同时必须安排人员监护电源,必要时应立即切断电源。作业后应拆除跨接线,恢复相关线路。

⑮在不需要自动扶梯运行时,除了必须通电检查的情况外,其余情况下必须切断主电源开关,挂上"作业中"的标牌,并用挂锁加以锁定,以防他人误操作。按下上下机房内或驱动装置处的红色停止按钮,以防他人误操作。

⑯如需在桁架内作业,必须切断电源,同时安排人员监护并控制电源,他人不得随意送电。

4. 自动扶梯外部清洁

①使用刷子或吸尘器清洁梯级、前沿板和检修盖板。

②使用柔软的清洁布和无研磨材料的清洁剂清洁内盖板、外盖板、不锈钢内侧板、围裙板和扶手导轨。

③使用柔软的清洁布和玻璃专用清洁剂清洁玻璃。

④清洁扶手带表面。请使用柔软的清洁布,按下述要求对扶手带进行清洁。

表 3-5-2 自动扶梯外部清洁

清洁	轻度污垢	将抹布在清水中浸湿拧干,反复数次擦拭扶手带面,然后将扶手带擦干
	污垢较明显及油脂附着等情况	使用中性清洁剂(按要求稀释后)沾在抹布上擦拭,污垢去掉后,再用干净的抹布将清洁剂擦掉,然后将扶手带擦干
消毒	需要进行消毒时,可使用中性的家用消毒剂(适用于人体皮肤的),用布沾着轻轻擦拭	
上光	扶手带洗净干了后,用抹布沾着上光剂擦涂在扶手带面上,待液体干燥后进行干擦。涂抹时如果感觉上光剂过浓,可加少量水混合后涂抹,用过浓的上光剂弄湿扶手后放置不管的话,就容易使扶手带硬化,因此应加注意。 注意: ①应选用以硅油为主要成分,且能保护扶手带橡胶表面的上光剂。 ②扶手带的清洁应先从露出的部分开始,当露出部分全部清洁结束后,再运转将扶手带剩余部分露出,按同样要领进行清洁。 ③不应一边运转自动扶梯一边擦拭,因这样会使液体流进桁架内。 ④当清洁剂、消毒剂等沾在扶手带上时应很快擦去,否则容易使扶手带老化。	

(三)自动扶梯日常保养

一般日常保养的部件和保养内容如表 3-5-3 所示。

表 3-5-3 自动扶梯的日常保养

序号	内容	检查项目
1	自动扶梯的运行	马达,扶手带运行声音,扶手带张力,梯级运行声音、扶手带导向轮的声音、运行是否良好
2	操作按钮	按钮操作状况、破损程度,端子及电线
3	梯级及梳齿	梯级是否稳固,梯级有裂纹或破损,梳齿的稳固和破损程度
4	梯级与梳齿之间的空隙	检查梯级与梳齿之间的空隙是否足够
5	梯级之间的空隙	检查梯级之间的空隙是否足够,检查梯级之间的水平空隙是否足够
6	梯级与围裙之间的空隙	检查梯级与围裙之间的空隙是否足够
7	护壁板	检查护裙胶边
8	安全装置	检查及操作各项安全装置的运行是否正常清除机械耦合上的灰尘、油污、加添润滑剂
9	机械耦合	检查机械室各项装置的操作是否良好并加添润滑油
10	机械室的操作	制动器的操作
11	磁性制动器	操作梯级链及驱动链,检查是否生锈、磨损、有裂纹及破损并加添润滑油

续表

序号	内容	检查项目
12	梯级链及驱动链	检查梯级轴衬的磨损
13	驱动装置	检查安装、操作、生锈及损坏程度是否有任何不正常的杂音及温度
14	自动加油装置	自动及油泵电机及供油系统工作是否正常

(四)上下部机房检查

1. 检查内容

表 3-5-4　上下部机房检查内容

序号	检查项目	检查要点	检查周期
1	上下部机房清洁	清除上部机房内的垃圾和油污	每次
2	上部机房积水检查	检查上部机房积水情况,如有积水采取相应排水措施	3 个月,室外型每次大雨后
		检查前沿板水槽、水管有无堵塞或漏水,水槽水管完好,确保排水畅通有效	
3	下部机房积水检查	检查下部机房积水情况,如有积水采取相应排水措施	每次,室外型每次大雨后增加检查
		检查前沿板水槽、水管有无堵塞或漏水,水槽水管完好,确保排水畅通有效	
4	油水分离器	如果配有油水分离器,清理油槽,从取油口将油槽中的油污清除,确保油水分离器内畅通,不会发生堵塞。如需要,可根据现场实际情况调整清理周期	每次,室外型每次大雨后增加检查
5	控制柜等电气设备清洁	清除控制柜,速度检测盒,上部接线盒和驱动装置接线盒内的垃圾和灰尘	每次
6	电气回路情况	分别进行正常运行和检修运行,检查确认控制柜内接触器、继电器等工作正常	每次
		检查确认制动器回路的接触器工作正常	
7	控制印板/控制器	检查确认控制印板/控制器信号功能正常	每次
8	检查接线端子	检查确认各接线端子可靠紧固,特别是保护导线	每次

2. 下部机房积水检查

下部机房积水检查分为底坑设置排水设备或集水井和底坑未设置排水设备或集水井两

种情况,如图 3-5-2 所示。在每次保养时,应:

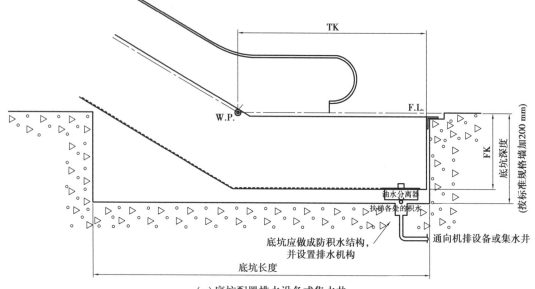

(a)底坑配置排水设备或集水井

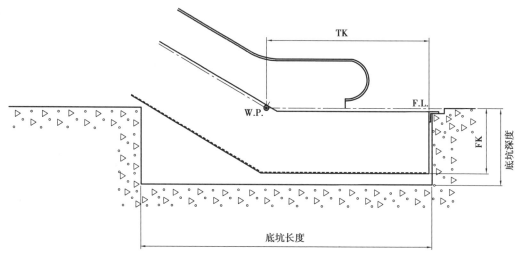

(b)底坑未配置排水设备或集水井

图 3-5-2　下部机房积水检查

①确认底坑内无异常积水,否则需检查原因。如机房积水,应立即停止扶梯运行,并尽快查明原因并排除故障。待积水排除,确认扶梯无异常后,扶梯方可重新投入使用。

②按维护保养要求对机坑进行清扫。

③确认扶梯各处的积水是否可完全汇入排水设备或集水井中,否则需对油盘、油水分离器等进行调整。

④检查排水系统及集水井是否通畅或工作有效,必要时倒水试验。

⑤如有油水分离器,按相关要求检查维护。

⑥检查水位报警装置 FLS 是否动作有效。

3. 油水分离器的维护

润滑油和雨水的混合液通过油水分离器可进行分离,把油留在该装置内,而符合排放标准的水则可向公共排水系统排放。油水分离器的位置和结构如图 3-5-3 所示。

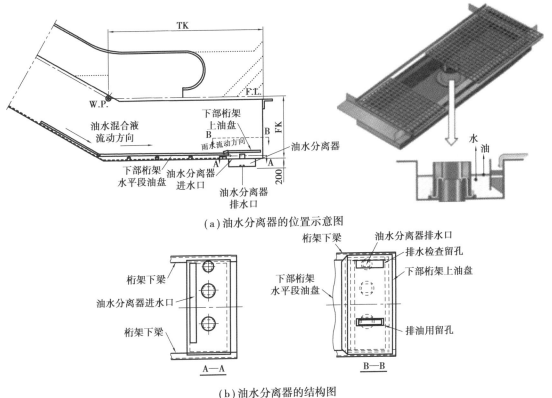

（a）油水分离器的位置示意图

（b）油水分离器的结构图

图 3-5-3　油水分离器的位置和结构

根据实际使用环境,油水分离器分为排水及不排水两种形式。如果所配置的油水分离器为不排水式的。需重点确认油水分离器下部排水孔是否封闭,是否渗漏水,必要时可倒水试验确认。

油水分离器的维护要求:

①确认扶梯各处的积水是否可完全汇入下部油水分离器处,不能完全汇入则需对油盘、油水分离器等进行调整。

②调整油水分离器的放水孔位置,确保积水能排入底坑内的排水孔内。

③根据当地积水及自动供油系统润滑情况,注意清理油水分离器内的积油,确保油水分离器内积油不溢出、油水分离器可正常进行工作。

④每次维护和大雨后需对油水分离器中的积水和积油进行手动排空。

⑤检查确认雨水和自动供油装置中的润滑油应能顺利流到油水分离器的进水孔。

⑥检查油水分离器有无渗漏情况。

（五）驱动装置部分的保养与维修

驱动装置由底板、减速箱、电动机、制动器、皮带轮及三角皮带等部件组成。电动机通过安装板固定在减速箱上方,在电机轴上装有皮带轮和飞轮,通过三角皮带将动力传至减速箱皮带轮,再通过减速箱上的链轮和驱动链将动力传至上部链轮。驱动装置部分的保养内容如表3-5-5所示。

表3-5-5 驱动装置部分的保养

序号	检查项目	检查要点	检查周期
1	检查驱动装置运行状态、驱动链运转正常	分别进行正常运行和检修运行,检查运行时驱动装置是否有异常振动和噪音,驱动链运转正常	每次
2	清洁驱动装置	清除驱动装置上的垃圾和积尘等	每次
3	清洁电动机通风口	清除电动机通风口的垃圾和积尘等	每次
4	检查减速箱油位及渗漏油	通过减速箱上的油标检查减速箱内油位是否正常,需等扶梯停止数分钟后观测油位	每次
		检查确认通气孔是否畅通,如有积尘、堵塞等情况,及时清理。清理时要将通气阀拧下,用煤油或类似的清洗剂进行清洗,也可用压缩空气吹的办法清理	
		检查减速箱输入、输出轴端及油标处有无严重渗漏油的情况。(通常渗漏油量不应超过25 mL/月)	
		检查有无油污飞溅到三角皮带防油挡板上	
5	检查空载制动距离	使扶梯空载运行,然后紧急制动,检查制动距离应在要求范围内。如不符合要求,需进行调整	每次
6	检查制动器外观和动作状态	检查制动器外观和动作状态	每次
7	检查三角皮带	对三角皮带进行检查,观察皮带上有无油污附着,是否有破损开裂等情况	2个月
		检查调整三角皮带张紧力	
8	检查驱动链	检查调整驱动链张紧力	2个月
		检查驱动链润滑情况,清除驱动链上垃圾	
		检查驱动链拼接部拼接牢靠	
9	检查调整制动器间隙	测量制动器间隙,如不在范围内需调整	2个月

序号	检查项目	检查要点	检查周期
10	检查手动盘车装置	检查手动盘车装置可正常工作	2 个月
		检查手动盘车装置的使用说明和运行方向标签是否完好	
11	检查制动器摩擦片厚度	测量制动器摩擦片厚度	6 个月
12	检查制动器上螺栓和螺母的紧固情况	检查确认制动器上紧固螺栓、间隙调整螺栓、力矩调整螺栓等的紧固情况	6 个月
13	紧固驱动装置各安装螺栓	检查驱动装置各部件的固定螺栓、驱动链张紧调整螺栓、三角皮带张紧调整螺栓、皮带轮平行度调整螺栓等是否紧固	6 个月
14	检查链轮的紧固和磨损	检查减速箱上链轮的紧固情况	6 个月
		检查减速箱上链轮的齿面、齿顶等是否有异常磨损	
15	检查皮带轮和飞轮的紧固	定期检查皮带轮和飞轮紧固螺栓的紧固情况，如有松动及时紧固。如果无法紧固，应使用螺纹防松液帮助紧固，必要时更换皮带轮和飞轮。螺栓紧固后做好紧固标记，以便下一次保养时检查	6 个月
16	检查皮带轮平行度	注意调整三角皮带张紧力后要检查皮带轮平行度	1 年
17	检查皮带轮的轮槽	检查皮带轮槽是否有破损、伤痕、生锈、毛刺、油污等情况，轮槽内应保持清洁	1 年
18	检查链轮平行度	检查减速箱上链轮与上部链轮的平行度	1 年
19	更换减速箱齿轮油	产品在交付使用 3 个月后需更换新齿轮油，以后在正常情况下每 2 年更换一次齿轮油。参见润滑相关内容	2 年

1. 驱动链张紧力检查

（1）测量驱动链张紧力

使扶梯上行后停止，在链条中央位置施加 80 N 力，链条上下总位移为 $\delta = 30 \pm 5$ mm，如不在要求范围内需调整。

（2）正常情况下驱动链的更换标准

正常情况下，当驱动链调整螺栓侧调整余量不足 20 mm 时，需更换驱动链。

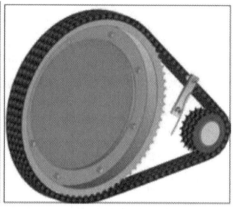

图 3-5-4　驱动链结构图

2.制动器的检查

（1）制动器外观检查

①断开自动扶梯主电源,确认自动扶梯无法启动。

②检查制动器是否异常发热。

③拆下制动器上的保护罩,清除积灰、油污及杂质,确认各接线牢固、正常。

④检查制动器周围是否有大量磨损的粉末出现。

如果存在异常大量粉末,说明制动器存在异常,必须对制动器进行检查调整,确认无异常后方可重新投入使用。

⑤检查制动器上温度传感器 BLP 是否松动、脱落。

⑥检查 BLP 是否工作正常。断开 BLP 开关信号,送电后确认扶梯应无法启动运行。确认没有问题后恢复 BLP 的接线。

图 3-5-5　制动器的检查

（2）制动器动作检查

扶梯正常运行状态下,上下各运行并急停 3 次以上,检查下述内容:

①检查制动器衔铁是否动作正常。

②检查工作制动器动作监测（BLR）是否正常有效。

③确认正常运行时制动器没有摩擦声音或者其他噪声。

④确认制动器制动时不应有异常声音和抖动,特别是尖啸声。

⑤确认制动器电气回路中相关的接触器工作正常。

⑥检查制动器是否异常发热。

（3）制动距离检查

分别在围裙板上和一个梯级上做好标记,使自动扶梯分别空载上行和下行,当两个标记重合时,按下急停开关使产品制动停止,测量两个标记之间的制动距离。

按上述方法上行和下行各有效试验 3 次,确认制动距离是否满足以下要求:

①速度 0.5 m/s 时为 0.2 ~ 0.5 m;

②速度 0.65 m/s 时为 0.3 ~ 0.6 m。

三角皮带张紧力、驱动链张紧力等对制动距离也有影响,如果制动距离没有满足要求,请按相关要求检查调整。

如果制动距离没有满足要求,请检查确认制动器间隙是否良好、摩擦片厚度是否在要求范围内且没有不规则磨损、电气回路是否正常、制动器衔铁是否动作正常、制动器是否有异常声音和发热等情况。

（4）制动器间隙检查

当摩擦片由于多次停车造成磨损后,芯体和衔铁的间隙会变大。过大的间隙会造成制动器无法张开（衔铁无法吸合）。由于制动器间隙不均匀,也会造成异常磨损,因此应该仔细检查调整。

图 3-5-6　制动距离检查　　　　　　图 3-5-7　制动间隙检查

①在制动器衔铁和芯体之间插入塞尺,用塞尺沿制动器周围一圈测量制动器间隙。

②制动器间隙要求为 0.4 ~ 0.7 mm,当大于 0.7 mm 时调整至 0.4 mm。

（5）制动器抱闸检测装置

抱闸监测装置是由一对限位开关分别装在左右布置的抱闸制动臂上,如图 3-5-8 所示。

限位开关通过监测抱闸在制动与释放时制动臂发生的位移来实现限位开关的信号转换。控制系统在开梯时先获取制动臂张开信号时,才能执行开梯。确保扶梯不至于"拖闸"启动。要求现场维保检查调整如下:

①测试限位开关的监测性能,需断电制动,利用手动释放测试抱闸张开,检查控制系统信号是否有效。

②检查制动器动作行程,要求为 1 ~ 1.5 mm。如需调整行程,需断电制动,分别调整两侧的行程顶杆（调整螺栓）,使保留行程为 1 ~ 1.5 mm,然后紧固锁紧螺母,再用手动释放杆使制动器开合几次,检查制动器动作行程。

③检查限位开关与顶杆间隙是否有杂物积尘,需清除干净。

（6）抱闸摩擦片的检查

①检查闸瓦衬片的装配情况,是否有破裂,如有破裂需更换。

②检查闸瓦衬片上是否粘有油污等。

③清洁闸瓦衬片表面。

④检查确认闸瓦衬片磨损均匀。

⑤正常使用情况下,摩擦片不应有明显不均匀的磨损,摩擦片厚度磨损至表 3-5-6 中情况时需更换。

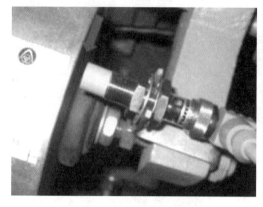

图 3-5-8　制动器抱闸监控

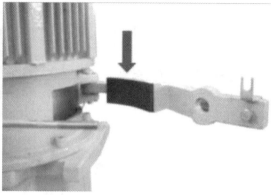

图 3-5-9　制动器抱闸摩擦片检查

表 3-5-6　摩擦片更换厚度

	120 N·m 和 140 N·m 规格的制动器
摩擦片原始厚度	12 mm
磨损至需更换的厚度	10 mm

（六）梯路系统的保养与维修

梯路系统的检查内容如表 3-5-7 所示。

表 3-5-7　梯路系统的检查内容

序号	检查项目	检查要点	检查周期
1	检查梯级有无破损,梯级滚轮和导轨工作正常	检查梯级整体表面是否有变形、裂纹、破损或异常磨损	每次
		检查安全界限嵌条是否有损坏	
		检查维护保养时拆卸的梯级的紧固情况	
		检查梯级滚轮和导轨工作正常	
2	检查梯级	检查梯级是否有损坏	3 个月
		检查梯级固定螺栓是否紧固	
3	检查梯级导向块	检查梯级导向件是否完好,是否有异常磨损。若发现梯级导向件缺失较多,应仔细检查梯路系统。若发现单侧导向件磨损严重,应检查梯级链是否单边伸长	3 个月
4	检查梯级与围裙板间隙	检查梯级在运行中是否有擦碰左右围裙板的现象,梯级与围裙间隙应为 1～4 mm,且同一梯级左右间隙和不大于 7 mm	2 个月
5	检查梯路导轨接头	检查梯路导轨接头是否平整	6 个月

续表

序号	检查项目	检查要点	检查周期
6	检查梯路导轨磨损情况	检查上下部总成去路导向导轨及回路驱动导轨是否有异常磨损,梯级进入时是否有左右窜动;检查上下部总成去路导向导轨与围裙板相接处是否处于同一平面内,梯级运行至此位置有无左右窜动	6个月
7	检查总成去路导向件	检查上下部总成去路导向件的磨损情况,以及左右导向件的间距尺寸,确保梯级在进出梳齿时无擦碰和异常声响	6个月
8	检查梯路导轨螺栓紧固	检查梯路导轨的固定螺栓、连接螺栓等紧固情况	1年
9	检查梯级防跳轨	检查防跳轨是否完好,有无变形,如有应调整或更换	1年
		检查防跳轨是否有异物等附着,如有应及时清扫	
		检查梯级防跳轨与梯级防跳钩之间的间隙,要求不大于4 mm	
10	检查桁架内电线电缆	检查桁架内电线电缆不应有破损,固定应牢靠	1年
11	检查梯级链张紧	检查下部转向处的梯级链张紧弹簧长度	2个月
12	检查梯级链是否充分润滑	检查梯级链润滑情况,是否有生锈等情况	3个月
		检查确认梯级链上轴套是否润滑有效	
13	清洁梯级链	检查梯级链表面的整洁度,将粘在梯级链上的垃圾清除	3个月
14	检查梯级链伸长情况	检查梯级链伸长情况,确认是否需要更换	3个月
15	检查梯级轴	检查梯级轴是否有变形、损坏	6个月
		检查梯级轴上的轴套等是否损坏	
16	检查梯级轴滚轮	检查滚轮表面有无伤痕或脱落	6个月
		检查滚轮旋转情况,旋转时是否有异常声音	
		检查滚轮侧面磨损情况;检查滚轮厚度是否符合要求	
		检查滚轮的固定是否可靠	
17	检查梯级滚轮轴承	检查梯级轴上和梯级上的梯级滚轮轴承	根据要求

续表

序号	检查项目	检查要点	检查周期
18	桁架加热器	检查桁架加热器和电线电缆应完好,可靠固定,和运动部件不发生干涉;确认桁架加热器能否有效动作	冬季每2个月
19	梳齿板加热器	检查梳齿板加热器和电线电缆应完好,可靠固定,和运动部件不发生干涉;确认梳齿板加热器能否有效动作	冬季每2个月
20	温控探头	检查温控探头和电线电缆应完好,可靠固定,和运动部件不发生干涉;确认温控探头是否有效	冬季每2个月

1. 梯级的检查

（1）梯级的检查要点

①检查梯级整体表面是否有变形、裂纹、破损或异常磨损。

②检查安全界限嵌条是否有损坏。

③检查维护保养时拆卸的梯级的紧固情况。

④检查梯级是否有损坏。

⑤检查所有梯级固定螺栓是否紧固。

⑥检查梯级滚轮是否脱落,滚轮表面是否有伤痕。

⑦检查梯级滚轮旋转情况,旋转时是否顺畅,轴承有无异常声音。

⑧检查梯级滚轮侧面磨损情况。

⑨检查梯级滚轮是否固定可靠。

（2）梯级导向块的检查

在下部机房逐个检查梯级导向块是否完好,是否有异常磨损。若发现梯级导向块缺失较多,应仔细检查梯路系统。若发现单侧导向块磨损严重,应检查梯级链是否单边伸长。

梯级导向块如有缺失或过量磨损时,要及时装上或更换。安装梯级导向块时,必须把梯级拆下安装。将梯级导向块插入梯级主轮座的圆杆内,调整角度使导向块的凸台对准主轮座上的开口槽,继续推入导向块,使倒齿恰好伸入梯级主轮座的圆杆边上 $\phi 8$ 的孔中。试着拔出导向块,若正确安装导向块应不会被拔出。

（3）梯级的左右调整

梯级是通过梯级上的左右卡环卡在梯级轴上黑色、白色轴套来进行定位的,如出现个别梯级与围裙板的间隙明显偏大或偏小,或者与前后相邻梯级有错齿的情况,应判断是否存在个别梯级在梯级轴上的定位不准的可能,从而导致梯级出现左偏或者右偏的现象。

确定存在个别梯级左偏或右偏的现象后,可以通过添加或去除梯级轴上左右的尼龙衬套,来调整该梯级左右位置。

2.梯路导轨检查要点

(1)梯路导轨拼接检查

检查梯路导轨接头是否平整。所有运行面要求接头平整,间隙在 0 ~ 0.5 mm 范围内,确保驱动滚轮能顺利地从导轨上通过;所有导向面手指触摸应没有高低感。

(2)总成去路导向件的调整

在扶梯上下部水平段两侧各有一个梯级去路导向件,它的作用是用来保证梯级进出梳齿和弯曲段围裙的导向性。需定期检查其是否有松动、变形、过度磨损的现象,必要时应及时更换。

(3)检查梯级进出上下总成导向导轨的情况

检查上下部总成去路导向导轨与围裙板相接处是否处于同一平面内,梯级运行至此位置有无左右窜动。若扶梯上行和下行,梯级进出弯曲段时,梯级与围裙下方导向件有擦碰声音,注意在梯级两侧导向件上涂抹润滑油或 2#航空润滑脂。

3.梯级链的检查

(1)梯级链张紧弹簧调整

通过左右两个张紧梯级链弹簧,下部总成小车可以在前后方向自由调整,从而张紧梯级链。张紧弹簧尺寸应为 155 mm,如图 3-5-10 所示。

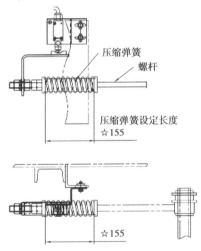

图 3-5-10　梯级链弹簧尺寸

在梯级链张紧弹簧调整到位的情况下,检查水平段的前后两个梯级的踢板边界与黄色安全边界的前后方向间隙,如果大于 6 mm,需要更换梯级链。

检查梳齿板与梯级的平行度,分别测量梳齿板左右与梯级的距离,左右距离差应小于 1 mm。如大于 1 mm,同时结合 J 尺寸检查情况,判断是否梯级链单边伸长。根据情况进行调整,如梯级链单边伸长严重需更换梯级链。

(2)梯级滚轮的更换标准

①滚轮厚度磨损 1 mm 以上的梯级滚轮(原始厚度为 25 mm)考虑更换。

②滚轮表面龟裂、割伤、缺损、脱落以及非正常磨损时应更换。

③滚轮旋转不畅或旋转时有异声,考虑更换。

(七)扶手系统的检查

扶手系统主要包括玻璃及玻璃保持器、扶手带、扶手转角栏杆、扶手导轨、扶手托辊、扶手导向件、扶手驱动摩擦轮、托辊组件 A/B、金属压轮等与扶手带相关的零部件,如图 3-5-11 所示。

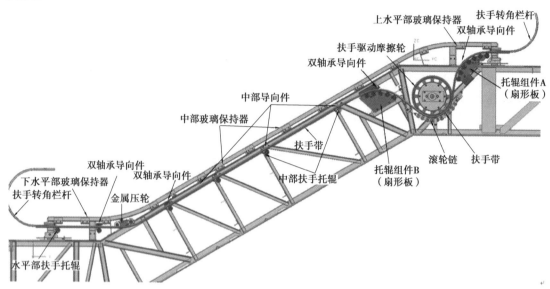

图 3-5-11　扶手系统结构图

1. 扶手系统检查要点

扶手系统检查要点如表 3-5-8 所示。

表 3-5-8　扶手系统检查要点

序号	检查项目	检查要点	检查周期
1	检查扶手带运行情况	使扶梯正常运行,检查扶手带处是否有异常声音、异常振动、异常窜动等情况,如有则检查调整相关内容	每次
2	检查扶手带表面	检查扶手带表面有无破损	每次
		检查扶手带耳部外表面是否有异常磨损	
3	检查扶手带与梯级同步性	检查扶手带与梯级同步性,要求扶手带速度比梯级速度快 0~2%。若扶手速度变慢,应检查调整	每次
		每次保养可手动感觉。如果手动感觉有异常可用仪器测量;每年用仪器测量一次确认	
4	检查调整扶手带张紧力	检查调整扶手带张紧力。检查调整方法参见相关内容	3 个月
5	清洁扶手带表面	用棉布清洁扶手带表面	3 个月

续表

序号	检查项目	检查要点	检查周期
6	扶手带内侧检查	将扶手带剥离扶手导轨,用吸尘器或刷子等清洁扶手带内侧,同时清洁扶手转角栏杆和扶手导轨	6个月
		检查扶手带内侧帆布是否有损坏情况,是否有钢带露出情况	
7	扶手导轨和导夹的检查	将扶手带剥离扶手导轨,检查扶手导轨、导夹和导夹挡块是否良好	1年
8	扶手带耳部内侧和导夹上涂蜡	将扶手带剥离扶手导轨,在扶手带耳部内侧和导夹上涂蜡	1年
9	检查调整扶手导向滚轮	对配置扶手导向滚轮的扶梯,将扶手带剥离扶手导轨,检查扶手导向滚轮的装配尺寸;检查扶手导向滚轮是否完好;检查扶手导向滚轮能否平滑地滚转;清除粘附在扶手导向滚轮上的垃圾	1年
10	检查扶手带加热电缆和扶手带张紧部加热器	检查扶手带加热电缆、扶手带张紧部加热器和电线电缆应完好,可靠固定,和运动部件不发生干涉;确认扶手带加热电缆和扶手带张紧部加热器能否有效动作	冬季每2个月
11	检查调整扶手链	检查调整扶手链张紧力	1个月
12	检查扶手链润滑情况	检查扶手链是否生锈,是否充分润滑,扶手链处加油嘴位置符合要求,出油正常	1个月
		如果扶手链生锈情况严重,需更换扶手链	
13	扶手油盘的清理工作	检查扶手链油盘,若积油较多,则应进行清理;同时应检查油盘中是否有杂物,以免堵塞油盘	1个月
14	检查摩擦轮	检查摩擦轮是否有磨损、龟裂和变形等情况	每次
		检查扶手带在摩擦轮处的运行情况	
15	检查扶手张紧托辊组件	检查扶手张紧托辊组件 A、B 上的导向件是否完好,扶手带在张紧托辊组件 A、B 处的运行情况;张紧托辊组件上导向件是否完好,且能自由转动	每次
16	检查滚轮链	检查滚轮链弹簧长度是否满足 80.5 ± 0.5 mm 的要求,滚轮链上所有 10 个滚轮是否完好,滚轮与扶手带接触数符合要求;检查滚轮与扶手带的接触情况	每次

续表

序号	检查项目	检查要点	检查周期
17	检查金属压轮	检查下弯曲部金属压轮能否自由转动,前后两侧间隙是否一致	每次
		检查扶手带在金属压轮处的运行情况	
18	检查回路导向件	回路导向件有方形尼龙式和椭圆形尼龙式两种。方形尼龙式导向件要求与扶手带内侧两边不紧贴;椭圆形尼龙导向件需检查是否有单边磨损	每次
		检查扶手带在中部回路导向件的运行情况	
19	检查扶手带托辊	检查扶手带托辊是否有损坏,能否自由转动	3个月
20	扶手转角栏杆导向件	检查扶手转角栏杆下方导向件是否完好,扶手带在导向件上下均有适当间隙	3个月

2. 扶手带系统的检查

1) 扶手带出入口检查

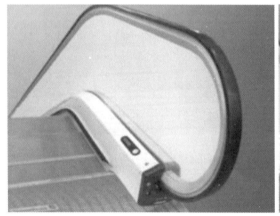

图 3-5-12 扶手带出入口

(1) 检查项目与要点

①扶手带出入口是否被杂物遮挡或堵死。

②安全开关动作是否有效。

③扶手带与扶手保护罩四周间隙是否均匀。

④出入口封板是否有破损,各拼接处的间隙要求≤1 mm。

⑤出入口封板是否有破损、是否安装牢固。

(2) 检修项目与方法

①用压力计以大约 10 N 压力作用在橡胶入口边缘上时,查看转动是否灵活,开关触动板活动是否前后自如,检查限位开关是否有效动作,否则需重新调整。

②调整限位开关,使其与开关触动板的间隙为 1~2 mm。

图 3-5-13 扶手带出入口限位开关

③调节扶手保护罩,使其与扶手带四周间隙均匀,且都不小于 10 mm,然后锁紧螺母。

2)检查扶手带与梯级同步性

检查扶手带与梯级同步性,要求扶手带速度应比梯级速度快 0~2%。若扶手带速度变慢,应检查调整。

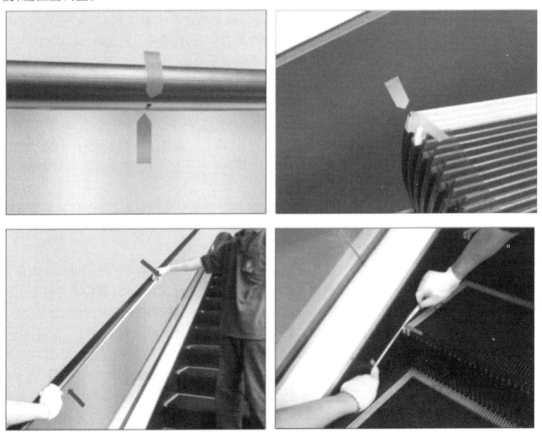

图 3-5-14 扶手带与梯级同步性的检查方法

3）检查调整扶手带张紧力

扶手带张紧力合适的标准为：上行运行扶梯一周后停止，测量中部直线段全部间隔 1.2 m 的两个相邻托辊间扶手带的自然下垂距离，随后取平均值。可以通过在两头拉尼龙线或者钢丝绳来作为测量基准，下垂距离为 8 ~ 12 mm，如图 3-5-15 所示。

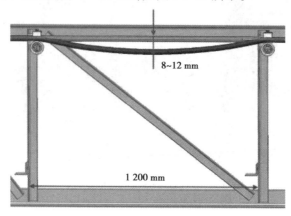

图 3-5-15　扶手带张紧力检查

4）扶手导轨和导夹的维护与检查

（1）扶手导轨的检查

①检查扶手导轨接头是否紧密平整，左右高低偏差通常不应超过 0.5 mm，如果偏差较大，扶手导轨顶端接头处要倒角。检查所有接头处是否有毛刺，如有毛刺等需用砂纸磨平。

②检查扶手导轨连接件是否可靠紧固，螺母不能有松动。

③检查扶手导轨上导夹挡块是否紧固到位，没有松动现象。

④检查扶手导轨上的导夹是否有脱落、磨损、逃出等现象。

（2）导夹和导夹挡块的检查调整

①检查导夹是否良好，导夹如磨损严重或有损坏，需立即更换。更换导夹时，根据导夹挡块之间的长度截取导夹，在距导夹挡块 2 mm 处切断，在导夹两端部表面倒角，倒角长度 5 mm。

②检查导夹挡块是否完好，如有损坏需立即更换。安装导夹挡块时，在螺钉上涂覆螺纹锁紧液后紧固导夹挡块。

5）扶手张紧装置的检查调整

检查：检修控制扶梯上行，观察扶手带是否与张紧轮侧面相摩擦或者两者间的间隙是否过小，如果是，则通过调节张紧装置按图 3-5-16 所示来调节螺栓 M12×35，使扶手带与张紧轮两边侧面的间隙一致；控制扶梯下行，以同样方法调节，使扶手带与张紧轮两边侧面的间隙一致。反复上下运行调试，直到上下运行时，扶手带与张紧轮两边侧面的间隙一致。

另外，观察扶手带通过扶手驱动装置时是否有跳动现象，同时检查扶手带在直线段位置的张紧力是否足够，如果不足，则调节张紧量。

调整：调整张紧力需先拆卸其位置处的下部弧段内盖板及裙板，如图 3-5-16 所示为包角驱动的张紧装置，松开调节螺栓（M12×45），向下施压调节扶手带张紧装置的张紧量，调整合适位置后固定调节螺栓（M12×45）。

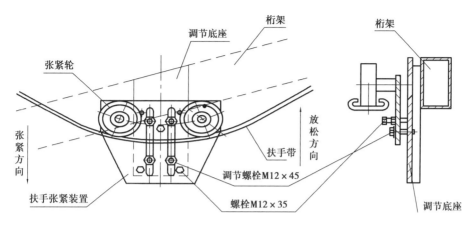

图 3-5-16　扶手带张紧装置

6）扶手驱动装置的检查调整

检查：检修控制扶梯上行，观察扶手带是否运行于驱动轮中间，如果扶手带向一边偏，则主要调节靠近上部的滚轮弯件及导向件，也可调节靠近下部的滚轮架及导向件，使扶手带从托辊轮的正上方通过；如果驱动装置与扶手带不对中，可适当调整连接板（一般情况下，驱动装置在厂内已经调整好的），直到运行时扶手带从扶手驱动轮中间通过为止；然后反方向运行，如果扶手带向一边偏，则主要调节靠近下部的滚轮架及导向件。如此反复运行调试，直到上下运行时，扶手带均从扶手驱动轮中间通过为止。调整完毕后，要把滚轮架的固定螺栓 M10 拧紧。

在调整了张紧装置后，扶手带的运行还是出现跳动或"偷停"现象时，可能由于扶手带驱动轮的压紧链的压紧力不足导致，因此可通过调整扶手驱动轮的压紧链来调整压紧力。

调整：调整前需拆卸位于扶手驱动装置附近的两个梯级，以及对称于拆卸梯级的返回轨上的两个梯级，调节如图 3-5-17 所示的压缩螺母 M12，使弹簧压缩量为 42 ± 1 mm；调节螺母 M12，带动滚轮架张紧扶手带，使扶手带上下运行都无松弛现象，收紧滚轮架上的固定螺母 M10。

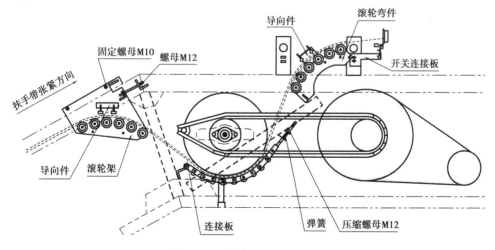

图 3-5-17　扶手驱动装置的检查

(八)其他安全装置的检查与调整

1. 主机测速装置的检查

1)电磁感应式主机测速装置

主机测速装置安装在电机位置,如图 3-5-18 所示。

根据电机转速,产生脉冲信号检测速度,由控制系统程序判断脉冲数量,在扶梯运行超过 120% 之前,切断控制回路,工作制动器动作,使扶梯正常停止。使用时,检查链轮测速开关与永磁挡块的间隙为 5 ± 1 mm。

2)光电感应式主机测速保护装置

超速保护装置安装在主驱动的链轮上,如图 3-5-19 所示,产生脉冲信号检测速度,由控制系统程序判断脉冲数量,在扶梯运行超过 120% 并达到额定速度的 140% 之前,控制器切断控制回路电源,附加制动器失电动作。该装置通过信号的变化来判断非操作逆转等异常情况,如果出现非操作逆转情况,控制器切断控制回路电源,附加制动器失电动作,使扶梯停止运行。

图 3-5-18　主机测速装置　　　　　图 3-5-19　主驱动链测速装置

2. 梯级下陷保护装置的检查与调整

梯级下陷安全装置安装在靠近上下弯曲部的桁架内,用来检测梯级和梯级链的异常情况。当梯级或梯级链下陷时,限位开关动作,扶梯停止运行,如图 3-5-20 所示。现场检查调整要求如下:

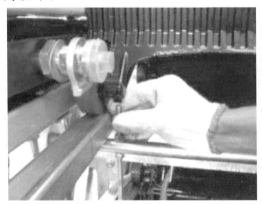 

图 3-5-20　梯级下陷保护装置

①拆卸 3 个梯级,运行至开关位置上方,用手传动两侧打杆。此时,安全开关应该有效动作,否则需重新调整。

②调整限位开关,使限位开关的滚轮柱塞与凹轮间隙为 2 ~ 3 mm。

③调整使打杆与梯级链间隙为 2 ~ 3 mm,固定限位开关。

④再次确认打杆转动时限位开关有效动作。

3. 梳齿板保护装置的检查与调整

梳齿板保护装置分别安装在上下梳齿板与梯级的交汇处,当有异物嵌入梳齿与梯级之间,致使梳板往后移动约 3 mm 时该安全装置动作,扶梯停止运行,梳齿受力时会断裂起保护作用,如图 3-5-21 所示。检查调整方法如下:

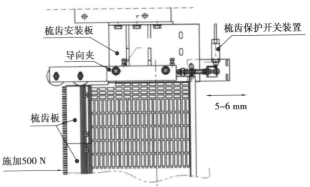

图 3-5-21　梳齿板保护装置

①拆卸若干梯级,空梯级运行至梳齿相交点前方,在梳齿板中间位置施加 500 N 压力,使得梳板能顺畅向后移动 5 ~ 6 mm,并确认此时梳齿板保护装置能准确动作。

②检查梳齿保护装置与梳板支架固定情况,无松动现象。

③调整楔形板,使之与限位开关动作的位置相接触。

④调整梳板两侧的夹紧橡胶导轨压紧程度,并确认梳板的前后动作顺畅。

4. 梯级缺失安全装置的检查调整

扶梯梯级缺失安全装置同样是通过一对光电开关来检测两梯级踢板边缘产生的脉冲信号。当整梯某处空梯级处运行到该位置时,光电开关的脉冲信号发生变化,控制系统使自动扶梯停止运行。图 3-5-22 是梯级缺失安全装置位置示意图,该安全装置在工厂已调整完毕,现场安装根据需要调节至图示尺寸。

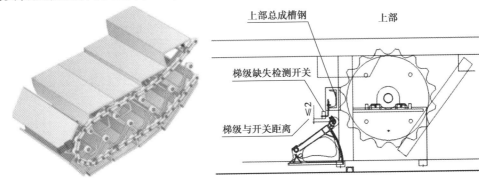

图 3-5-22　梯级缺失保护装置

四、任务实施

在自动扶梯教学设备上,分组完成表3-5-9自动扶梯部件的保养作业记录表。

表3-5-9　自动扶梯部件的保养作业记录表

项目名称:　　　　　　　　　　　　　　　　　　　　　　　日期:_____年___月___日

序号	内容与要求	是/否
1	两端和中间紧急停车按钮功能正常有效	
2	运行方向显示应正常	
3	自动运行功能正常	
4	减速箱油位,油量应在油标尺上下极限位置之间,无渗油	
5	制动机械装置清洁和润滑,动作灵活	
6	主制动器动作可靠	
7	检查制动带磨损情况,制动衬厚度不应小于电梯制造企业规定的厚度值,制动带松开时不应摩擦制动盘	
8	制动触点功能可靠	
9	制动距离,空载向下运行制动距离为:0.5 m/s:0.2～1.00 m;0.65 m/s: 0.3～1.30 m;0.75 m/s:0.35～1.5 m	
10	控制柜及主电源开关接线应牢固	
11	主驱动链张紧,松边下垂量10～15 mm	
12	主驱动链表面油污清理和润滑	
13	主驱动链保护装置,链条滑块应清洁,厚度413 mm	
14	主驱动链断裂开关功能可靠,开关间隙为2 mm	
15	梯级、踏板与围裙板任一侧水平间隙＞4 mm,两侧之和为7 mm	
16	梳齿板照明应完好无损	
17	梳齿板开关动作可靠	
18	扶手带入口处保护开关动作灵活可靠	
19	扶手带表面清洁,无毛刺,无机械损伤,出口处居中,运行无摩擦	
20	扶手带表面完好无损	
21	扶手带导向块和导向轮应清洁、完好无损,与扶手带内侧底部无摩擦	
22	扶手带托轮和滑轮群应无损伤,托轮转动平滑	
23	扶手带断带保护开关功能正常	
24	扶手带速度监控器功能正常,感应面应清洁	
25	扶手带张紧度、张紧弹簧负荷长度应符合技术要求	
26	扶手带照明应完好无损	
维护保养人员(签字)		
教师确认(签字)		

五、任务评价

任务完成后,教师组织学生进行分组汇报,分析评价指标,并给予评价。

表 3-5-10　自动扶梯保养任务学生评价表

实训任务:

	序号	评价内容	分值/分	评分标准	得分/分	备注
小组自评	1	安全意识	10	不按要求穿工作服、戴安全帽,扣2分;在基站没有设立防护栏和警示牌,扣2分;不按要求进行带电或断电作业,扣2分;不按安全要求规范使用工具,扣2分;其他违反安全操作规范的行为,扣2分		
	2	自动扶梯梯级的保养	20	保养操作不规范,扣3分;梯级保养不符合标准,扣12分;保养记录单填写错误、未填写,扣5分		
	3	扶手带的保养	20	保养操作不规范,扣3分;扶手带保养不符合标准,扣12分;保养记录单填写错误、未填写,扣5分		
	4	制动器的保养	20	保养操作不规范,扣3分;制动器保养不符合标准,扣12分;保养记录单填写错误、未填写,扣5分		
	5	主驱动链的保养	20	保养操作不规范,扣3分;主驱动链保养不符合标准,扣12分;保养记录单填写错误、未填写,扣5分		
	6	职业规范环境保护	10	在操作过程中工具和器材摆放凌乱,扣2分;不爱护设备、工具,不节省材料,扣2分;在工作完成后不清理现场,在工作中产生的废弃物不按规定处置,各扣2分		
	7	总结与反思				

实训任务:

	序号	内容	评价结果
小组评价	1	在小组讨论中能积极发言	□优□良□中□差
	2	能积极配合小组成员完成工作任务	□优□良□中□差
	3	在电梯曳引机维护保养中的表现	□优□良□中□差
	4	能够清晰表达自己的观点	□优□良□中□差

续表

	序号	内容	评价结果
小组评价	5	电梯试车前检查中的表现	□优□良□中□差
	6	安全意识与规范意识	□优□良□中□差
	7	遵守课堂纪律	□优□良□中□差
	8	积极参与汇报展示	□优□良□中□差
教师评价	9	综合评价： 评语： 教师签名： ___年___月___日	

六、问题与思考

①自动扶梯由几部分构成？

②自动扶梯的扶手带有几个安全保护装置，其功能是什么？

③防止梯级下陷和梯级缺失的保护装置是什么？

项目四

电梯的故障诊断与维修

项目描述

本项目主要以应急救援和门锁回路故障排除为例,讲述电梯故障诊断与维修的基本思路和方法。通过本项目的学习,学生应能按照电梯维修标准,观察故障现象,分析常见故障的原因,制定排除方案,采取安全正确的方法排除故障,具备维修常见电梯故障的能力,提高学生对社会以及危机和突发事件的适应能力。

任务一 应急救援的操作

一、任务目标

①掌握与被困乘客沟通的注意事项;
②了解各种情况下救援的程序;
③掌握不同类型电梯的救援方法。

二、任务描述

当电梯发生困人时,要及时采取安全正确的方法帮助乘客撤离,维修人员应该懂得如何操作才是安全有效的。

本任务主要讲述不同条件下电梯断电困人时的应急救援实施要点。

三、相关知识

(一)电梯故障救援与维修前的准备工作

1.准备工作

从大量的维修实例来看,国内外电梯型号繁多,虽然各种电梯基本单元系统(电路)的原理基本相同,但内部结构及各零部件的位置可能有所不同。因此,在实际检修电梯故障之前,应做好准备工作。

(1)准备测试仪器

万用表是必备的,并且还要配备兆欧表(500 V)、钳形电流表(300 A)、接地电阻测量仪、功率测量表、转速表、百分表、拉力计(10 N、200 N各一个),有条件的还可配备秒表、声级计(A)、点温计、便携式限速器测试仪、加速度测试仪、对讲机(对讲距离可在500 m左右)等仪器。利用仪器检修,不仅可检查出难以判断的故障,还可以提高检修质量和检修速度。

(2)准备工具

在检修电梯故障之前必须置备常用的检修工具。如常用电工工具,各种型号的螺丝刀、小刀,各种规格的扳手(活动扳手、固定扳手以及内六角扳手、套筒扳手等),游标卡尺,吊线锤、塞尺、钢直尺、钢卷尺、导轨检验尺以及手电筒等。

(3)准备资料

维修电梯如果没有必备的资料,将直接影响检修速度,其至无法修理,这一点对于新型电梯来说尤其重要。主要的资料有:

①电梯使用维护说明书,其内容应包含电梯润滑汇总图表以及电梯功能表。

②电梯动力电路和安全电路的电气线路示意图及符号说明。

③电梯机房、井道布置图。

④电梯电气敷线圈。

⑤电梯产品出厂合格证书,电梯安装调试说明书。

⑥电梯运行、维护保养、检查记录表。

⑦对于爆炸危险场所使用的电梯,还应有爆炸危险区域等级,电梯防爆等级报告书及电梯防爆性能测试报告。

(4)掌握主要单元部件的正确工作状态

要尽量多地掌握所修电梯主要单元部件的正确工作状态,以及不同工作状态时,关键点上的电压变化情况。这是检修任何电梯都必须掌握的。一位经验非常丰富的检修人员,在排除电梯故障时,往往只要用相关仪表测量有关点上的电压,或经过简单的调试就能很快地判断出故障原因或部位。

(5)悬挂警示牌

检修之前,应在各层门处悬挂"检修停用"的标牌。当维修人员在轿厢顶时,应在电梯操作处挂贴"人在轿厢顶工作或正在检修"的标牌。

2.救援处置原则

①实施现场救援前,应该了解电梯周边环境和现场状况,确保救援活动不产生二次事故或更大的危害。

②确定解困方案时,如果情况允许,应首先选择电梯专业人员操作(移动轿厢、开门)的方式,尽量避免破坏性解困。

③各梯型移动轿厢作业方法各不相同,现场作业时应严格按照各电梯制造商的作业文件执行。

④如果现场状况不适合电梯专业人员操作或者无法进行有效操作时,可请求消防部门或相关专业部门支援。

⑤应急救援设备抢险组成员应持有特种设备主管部门颁发的《特种设备作业人员证》。

⑥救援人员应在 2 人以上。

⑦应急救援设备、工具:电梯盘车工具、紧急开锁钥匙、常用五金工具、撬杠、照明器材、消防器材、通信工具、安全防护用品和应急药品器械等。

⑧所有救援活动都必须确保施救与被救人员的安全,避免产生二次事故或更大的危害。

(二)电梯困人救援

无论何种原因造成电梯困人,一般救援步骤如下:

①切断电源:救援人员抵达现场后,应首先断开电梯主电源,防止救援过程中突然恢复供电导致意外发生;火灾、地震等特殊情况视具体情况决定。

②设置警示:在救援实施楼层候梯厅和相关部位设置"电梯禁用"警示牌。

③判定位置:可通过机房操作或观察、询问被困人员或其他相关人员、监控信息、紧急开锁钥匙开门观察(确保安全)等方式判定轿厢位置。

④轿内联系:利用紧急报警装置或其他可靠的方式与被困人员联系。

图 4-1-1　困人救援程序 – 切断电源　　　4-1-2　困人救援程序 – 轿内联系

⑤情况监控:救援过程中适时与轿内人员保持联系,了解被困人员的心理状况、体力情况和应急行为;耐心安抚,尽可能使被困人员保持冷静;告之救援进展和配合注意事项。

⑥移动轿厢:通过手动盘车、紧急电动运行等方法移动轿厢至最近平层位置。

⑦紧急开锁:通过三角钥匙等方式开启层门、打开轿门,协助乘客离开轿厢。

图 4-1-3　困人救援程序 – 移动轿厢　　　图 4-1-4　困人救援程序 – 开门放人

⑧后续处理:做好相关过程记录。保养单位对电梯进行全面检查,确认正常后方可使用电梯。

（三）有机房电梯救援的主要操作要点

按机房、无机房电梯特点,电梯紧急操作装置的设计一般按图 4-1-5 所示流程进行。

被困乘客的救援步骤

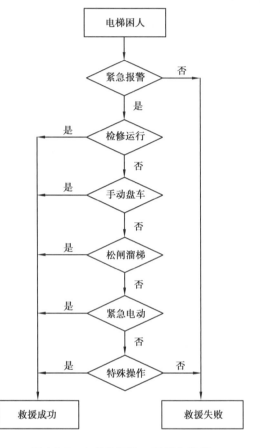

图 4-1-5　电梯救援的一般操作流程

1.轿厢慢速移动——手动盘车

（1）准备确认

①人员:松闸和盘车必须至少由两人完成,一人操作松闸装置,一人进行手动盘车。

②确认:进行手动盘车前,必须确保制动器功能可靠、电梯主电源已经断开(包括停电),确认电梯层、轿门已可靠关闭。

注意:严禁在制动器失效或通电情况下进行手动盘车操作。

（2）操作程序

①盘车:将盘车手轮牢固安放在电机轴上。操作松闸装置,使制动器缓慢松开。

②移动:根据轿厢上移或下移需要,按正确方向(选择易于盘动手轮的方向)慢慢转动盘车手轮,将轿厢缓缓移动至预定位置。移动轿厢应平稳、慢速,避免惊吓乘客或因移动速度太快导致危险发生。

手动盘车操作要领

图 4-1-6　盘车操作流程

③开门:轿厢移至预定楼层平层位置后,用紧急开锁钥匙打开层门约 30 mm;检查轿厢位置,确认无误后,完全打开电梯层门。

如钥匙无法打开层门,操作人员可到上一层站打开层门,在确认安全的情况下上到轿顶,手动盘开层/轿门。

图 4-1-7　开门放入操作流程

(3)应急处置

①疏导乘客安全离开轿厢。

②重新将电梯层、轿门关好。

2.轿厢慢速移动——紧急电动运行

①紧急电动运行慢速移动轿厢主要用于无机房电梯或手动盘车所需力大于 400 N 的有机房电梯解困作业。

②进行紧急电动运行移动轿厢前,必须确定制动器功能可靠。电梯严禁在制动器失效情况下进行紧急电动运行。

③紧急电动运行的作业程序,应参照具体型号电梯紧急电动运行装置的操作规程进行。

3.有机房现场救援方法——失闸

(1)电梯制动器失效、超速保护装置动作时

确定轿厢位置→通过盘车装置等,使电梯轿厢可靠制停→排除制动器故障→释放已动作的超速保护装置→按"轿厢慢速移动"情况进行救援。

(2)电梯制动器失效、轿厢冲顶时

确定轿厢位置→如果轿厢地坎与层门地坎间距在 500 mm 以内,用紧急开锁钥匙打开顶层层门→协助乘客安全离开轿厢→关闭层门。

确定轿厢位置→如果轿厢地坎与层门地坎间距大于 500 mm,将轿厢慢速移动至平层区内→通过控制盘车手轮保持轿厢稳定→用紧急开锁钥匙打开顶层层门→疏导乘客安全离开轿厢→关闭层门→缓慢将轿厢移动至最上端,使电梯保持稳定状态。

（3）电梯制动器失效、轿厢蹲底时

用钢丝绳扣将曳引绳和曳引轮或导向轮缚紧→用紧急开锁钥匙打开层门→协助乘客安全离开轿厢。

4. 有机房现场救援方法（困人）

1）轿厢开门区困人时的应急救援方法

确定轿厢所在楼层→用紧急开锁钥匙打开层门→疏导被困人员安全离开轿厢→重新将电梯层、轿门关好。

2）轿厢非开门区困人时的应急救援方法

（1）机房操作救援

确定轿厢位置→进行轿厢慢速移动作业→移动轿厢至预定楼层→用紧急开锁钥匙打开层门→疏导被困人员安全离开轿厢→重新将电梯层、轿门关好。

（2）轿顶操作救援

①上行超速保护装置未动作。

确定轿厢位置→救援人员上电梯轿顶→将轿顶检修开关设置在检修位置，使电梯处于检修控制状态→接通电梯主电源→点动移动轿厢至预定楼层平层区内→切断电梯主电源→轿顶盘开电梯层门/轿门→疏导被困人员安全离开轿厢。

②安全钳动作。

确定轿厢位置→救援人员上电梯轿顶→将轿顶检修开关设置在检修位置，使电梯处于检修控制状态→接通电梯主电源，恢复限速器、安全钳上的安全开关→通过点动方式向上或向下移动轿厢，释放已动作的电梯超速保护装置→点动移动轿厢至预定楼层平层区内→切断电梯主电源→轿顶盘开电梯层门/轿门→疏导被困人员安全离开轿厢。

③夹绳器动作。

确定轿厢位置→救援人员上电梯轿顶→将轿顶检修开关设置在检修位置，使电梯处于检修控制状态→将作用在曳引钢丝绳上的夹绳器释放→查看钢丝绳、夹绳器装置等是否正常→确认正常后，将电梯限速器上行超速保护装置恢复正常→接通电梯主电源，点动运行，确认电梯正常→点动移动轿厢至预定楼层平层区内→切断电梯主电源→轿顶盘开电梯层门/轿门→疏导被困人员安全离开轿厢。

5. 有机房现场救援方法（剪切）

①当急救人员到来之前不宜进行先行救援时，应根据急救人员的指示进行前期救援准备工作，在急救人员到来后配合救援工作。

②当先行救援不会导致被困人员的进一步伤害且有足够的专业救援人员时，可在急救人员到来之前进行救援：

a. 门区发生人员被困：

可以直接打开电梯门进行救援，用紧急开锁钥匙打开相应层门→安全移出被困人员→疏导轿内其他被困人员安全离开轿厢→根据急救人员的指示进行下一步救援工作。

不可以直接打开电梯门进行救援时：进行轿厢慢速移动作业→移动轿厢至合适位置→用紧急开锁钥匙打开相应层门→安全移出被困人员→疏导轿内其他被困人员安全离开轿厢→根据急救人员的指示进行下一步救援工作。

b.轿顶或轿底发生人员被困：

进行轿厢慢速移动作业→移动轿厢至合适位置→安全移出被困人员→根据急救人员的指示进行下一步救援工作。

6.有机房现场救援方法（停电）

①从本单位临时组织更多的工作人员，以备调用。

②同电梯维保单位协调，调集尽可能多的专业救援人员。

③加强区域内的安全和秩序管理。

④及时报告政府部门，请求更多的社会力量支援。

⑤保持与各救援小组的联系，及时调控。

⑥针对电梯具体情况，相应参照前述方法执行。

7.有机房现场救援方法（火灾）

（1）救援通则

①立即拨打119向消防部门报警。

②迅速组成人员营救组和灭火组，在确保救援人员自身安全的情况下尽快展开救援行动。

③灭火工作如会造成人员伤害或引起其他事故，灭火工作应在消防部门的指导下进行或等待消防专业人员到场后进行。

（2）电梯轿厢起火

操作层站呼梯按钮截梯→迅速就近停靠电梯→撤出轿内人员→将电梯置于停止运行状态→切断电梯总电源→轿厢灭火。

（3）电梯井道起火

与操作层站呼梯按钮或消防功能按钮（如电梯配置此功能）截梯→迅速将电梯停靠到安全楼层→撤出轿内人员→将电梯置于停止运行状态→关闭电梯层、轿门→切断电梯总电源→井道灭火。

8.有机房现场救援方法（地震）

（1）电梯地震感应器动作时

对电梯进行检查，确定电梯其他部件和建筑物基本正常、基本满足运行条件→参照电梯生产厂家的说明，恢复已动作的电梯地震感应器，满足运行条件→救援人员操作电梯以检修方式运行→完成救援工作。

以上方法无法完成救援活动时，应急救援指挥部应及时联系政府或其他部门，请求社会力量支援。

（2）电梯具备盘车运行条件时

确定轿厢位置→进行轿厢慢速移动作业→移动轿厢至预定楼层→用紧急开锁钥匙打开层门→疏导被困人员安全离开轿厢→重新将电梯层、轿门关好。

（3）电梯不具备盘车运行条件时

确定轿厢位置→切断电梯主电源→用两个手动葫芦（每个手动葫芦应根据具体情况确定起吊质量，至少具有2.0安全系数）分别挂在机房牢固可靠的位置→用3个以上的钢丝绳卡将钢丝绳套与吊链卡住→每个手动葫芦分别吊住半数的曳引钢丝绳，形成两个葫芦起吊一个轿厢→同时向上拉动两个倒链，轿厢向就近楼层移动→确认轿厢平层→将手动葫芦的拉链拴死,防止打滑,并留一名维修人员看护→打开电梯层门、轿门→撤出轿内人员→将电梯置于停止运行状态→关闭电梯层、轿门或采取措施封堵电梯层门→切断电梯总电源。

(四)无机房救援操作流程

1.无机房救援通则

①切断电梯主电源。

②确认电梯轿厢门处于关闭状态。

③检查确认电梯机械传动系统(钢丝绳、传动轮)正常。

④准备好松开抱闸的机械或电气装置。

⑤确认电梯轿厢、对重所在的位置,选择电梯准备停靠的层站。

⑥根据电梯故障状态及手动操作电梯运行方法,采取相应的救援方法。

2.当电梯轿厢上行安全钳楔块动作或对重安全钳楔块动作

①两名维修人员可根据电梯轿厢的位置,选择进入电梯井道底坑或电梯轿顶。

②将钢丝绳夹板夹在对重侧钢丝绳上,用电梯生产厂家配带的轿厢提升装置或用钢丝绳套和钢丝绳卡子将手动葫芦挂在对重侧导轨上,将手动葫芦吊钩与钢丝绳夹板挂牢。

③维修人员拉动手动葫芦拉链,使对重上移;维修人员打开抱闸,轿厢向下移动,安全钳释放并复位。此时继续拉动手动葫芦拉链,轿厢向就近楼层移动,确认平层后停止拉动手动葫芦拉链,关闭抱闸装置,通知层门外的维修人员开启电梯层门/轿门。

④电梯层门外的维修人员在确认平层后,在轿厢停靠的楼层,用电梯层门钥匙开启电梯层门/轿门。

⑤如层门钥匙无法打开层门,维修人员可到上一层站打开层门,在确认安全的情况下上到轿顶,手动打开层门/轿门。

3.当电梯轿厢下行安全钳动作

①两名维修人员可根据电梯轿厢的位置,进入电梯轿顶。

②将钢丝绳夹板夹在轿厢侧钢丝绳上,用电梯生产厂家配带的轿厢提升装置或用钢丝绳套和钢丝绳卡子将手动葫芦挂在轿厢侧导轨上,将手动葫芦吊钩与钢丝绳夹板挂牢。

③维修人员拉动手动葫芦拉链,打开抱闸,轿厢向上移动,安全钳释放并复位,此时继续拉动手动葫芦拉链,轿厢向就近楼层移动,确认平层后停止拉动手动葫芦拉链,关闭抱闸装置,通知层门外的维修人员开启电梯层门/轿门。

④电梯层门外的维修人员在确认平层后,在轿厢停靠的楼层,用电梯层门钥匙开启电梯层门/轿门。

⑤如层门钥匙无法打开层门,维修人员可到上一层站打开层门,在确认安全的情况下上到轿顶,手动盘开层门/轿门。

4.安全钳楔块没有动作

①维修人员采用"点动"方式反复松开抱闸装置,利用轿厢重量与对重的不平衡,使电梯轿厢缓慢滑行,直至电梯轿厢停在平层位置,关闭抱闸装置。

②电梯层门外的维修人员在确认平层后,在轿厢停靠的楼层,用电梯层门钥匙开启电梯层门/轿门。

③如层门钥匙无法打开层门,维修人员可到上一层站打开层门,在确认安全的情况下上到轿顶,手动打开层门/轿门。

（五）自动扶梯救援操作程序

1. 准备确认

①断电。切断自动扶梯或自动人行道主电源。

②确认。确认扶梯全行程之内没有无关人员或其他杂物;确认在扶梯上(下)入口处已有维修人员进行监护,设置了安全警示牌;确认救援行动需要自动扶梯或自动人行道运行的方向。

2. 操作程序

①打开上(下)机房盖板,放到安全处。装好盘车手轮。

②一名维修人员将抱闸打开,另外一人将扶梯盘车轮上的盘车运动方向标志与救援行动需要扶梯运行的方向进行对照,缓慢转动盘车手轮,使梯级向救援行动需要的方向运行,直到满足救援需要或决定放弃手动操作扶梯运行方法。

③关闭抱闸装置。关闭上(下)机房盖板。

3. 应急处置

若确认有乘客受伤或有可能有乘客会受伤等情况,则应立即同时通报 120 急救中心,以使急救中心做出相应行动。

4. 几种常见现象救援操作

(1)梯级与围裙板发生人员夹持

①如果围裙板开关(安全装置)起作用,可通过反方向盘车方法或者采用扩张器方法救援。

②如果围裙板开关(安全装置)不起作用,应以最快的速度对内侧盖板、围裙板进行拆除或切割或者采用扩张器方法,救出受困人员。

③请求支援。当上述救援方法不能完成救援活动时,应急救援小组负责人向本单位应急指挥部报告,请求应急指挥部支援。

(2)乘客被扶手带夹持

①扶手带入口处夹持乘客,可拆掉扶手带入口保护装置,即可放出夹持乘客。

②扶手带夹伤乘客,可用工具撬开扶手带放出受伤乘客。

③对夹持乘客的部件进行拆除或切割,救出受困人员。

(3)乘客被梳齿板夹持

①拆除梳齿板或反方向盘车救援。

②对梳齿板、楼层板进行拆除或切割或者采用扩张器方法完成救援工作。

(4)梯级、驱动链断裂

①确定盘车方向,在确保盘车过程中不会加重或增加伤害的情况下,可通过反方向盘车方法救援。

②可对梯级和桁架进行拆除或切割作业,完成救援活动。

③请求支援。当上述救援方法不能完成救援活动时,应急救援小组负责人向本单位应急指挥部报告,请求应急指挥部支援。

(5)制动器失灵

制动器失灵造成扶梯及人行道向下滑车的现象,人多时会发生人员挤压事故,此时应立即封锁上端站,防止人员再次进入自动扶梯或自动人行道,并立即疏导底端站的乘梯人员。

四、任务实施

按照有机房断电困人情况下的救援方法,分组完成有机房救援操作。

五、任务评价

任务完成后,完成表4-1-1的任务评价表。

表4-1-1　有机房断电困人救援操作评价表

实训任务:

	序号	评价内容	分值/分	评分标准	得分/分	备注
小组自评	1	安全意识	10	不按要求穿工作服、戴安全帽,扣2分;基站没有设立防护栏和警示牌,扣2分;不按要求进行带电或断电作业,扣2分;不按安全要求规范使用工具,扣2分;其他违反安全操作规范的行为,扣2分		
	2	救援操作步骤	80	操作不规范,扣20分;救援操作流程不符合标准,扣40分		
	3	职业规范环境保护	10	在操作过程中工具和器材摆放凌乱,扣2分;不爱护设备、工具,不节省材料,扣2分;在工作完成后不清理现场,在工作中产生的废弃物不按规定处置,各扣2分		
	4	总结与反思				

实训任务:

序号	内容	评价结果	
小组评价	1	在小组讨论中能积极发言	□优□良□中□差
	2	能积极配合小组成员完成工作任务	□优□良□中□差
	3	在电梯曳引机维护保养中的表现	□优□良□中□差
	4	能够清晰表达自己的观点	□优□良□中□差
	5	电梯试车前检查中的表现	□优□良□中□差
	6	安全意识与规范意识	□优□良□中□差
	7	遵守课堂纪律	□优□良□中□差
	8	积极参与汇报展示	□优□良□中□差
教师评价	9	综合评价:　评语:　教师签名:　___年___月___日	

六、问题与思考

①有机房断电救援时,如何判断轿厢位置?
②无机房救援时,如何判断轿厢是否平层?

任务二　门锁故障分析及排除

一、任务目标

①掌握观察故障现象的方法和技巧。
②掌握分析故障原因的原则和方法。
③掌握制定故障排除方案时应注意的问题。
④掌握排除门锁故障的方法。

二、任务描述

为保证电梯必须在全部门关闭后才能运行,在每扇厅门及轿门上都装有门电气联锁开关。只有全部门电气联锁开关在全部接通的情况下,控制屏的门锁继电器方能吸合,电梯才能运行。门锁是保障电梯乘客安全的重要部件,一旦出现故障,要及时彻底排除,以免造成无法弥补的事故。通过完成本任务,学生应掌握分析判断门锁故障原因和排除故障的方法。

三、相关知识

电梯的故障可以分为机械系统故障和电气系统故障。其中,电气系统故障是指由于电气控制系统中的元器件发生异常,导致电梯不能正常工作或严重影响乘坐舒适感,甚至造成人身伤害或设备事故的现象。据最新行业数据表明,在电梯故障统计中,机械系统故障所占的比例为 $10\% \sim 15\%$,而电气系统故障所占的比例达到 $85\% \sim 90\%$,电气系统发生的故障成为电梯故障的最主要故障。下面以电梯门锁回路为例,讲述电梯电气故障排除的一般思路。

(一)电梯电气系统故障查找基本思路

1. 故障排除的基本要点
①电气控制系统有时故障比较复杂,加上现在电梯都是微机控制,软硬件交叉在一起,排障时应坚持:先易后难、先外后内、综合考虑、有所联想。
②电梯运行中比较多的故障是开关接点接触不良引起的故障,所以判断故障时应根据故障及柜内指示灯显示的情况,先对外部线路、电源部分进行检查,即门触点、安全回路、交直流电源等。
③对于电梯微机控制系统,许多保护环节都是隐含在它的软硬件系统中,需要借助系统供应商提供的专用仪器查找故障代码,根据故障代码表提示来排除故障。

2. 故障排除的基本方法
电梯控制电路发生故障时,应首先了解故障发生时的现象,查询在故障发生前的异常现象,认真查看故障发生后的电路情况,然后可以采用下列方法查找电气控制电路的故障。

（1）运用电梯运行工艺查找

分析电梯故障时,首先要熟悉电梯和掌握电梯的运行工艺过程,即电梯选层、定向、关门、启动、运行、换速、平层、开门的循环过程,其中每一步称作一个工作环节,都有一个独立的控制电路。运用运行工艺查找的办法就是确认故障具体出现在哪个控制环节上,这样就可以有针对性地排除故障。

（2）运用静态电阻测量的方法查找

静态电阻法就是在断电情况下,用万用表电阻挡测量电路的阻值是否正常。任何一个电气元件也都有一定阻值,连接着电气元件的线路或触点,电阻值不是等于零就是无穷大,因此测量其电阻值大小是否符合规定的要求,,就可以判断一个电路有无故障。

实际使用电阻测量法时,一般有两种方法,即在路电阻测量法和开路电阻测量法。

①在路电阻测量法。所谓在路电阻测量法,就是直接在电气线路或电路上测量线路或元件的电阻值。由于被测元件接在整个电路之中,所以用万用表测得的数值受到其他并联支路的影响,所测得的值是各并联支路的总电阻,这在分析测试结果时应予以考虑。

用测量电阻法检测电梯的故障时,要求在平时的维修工作中收集、整理和积累尽可能多的资料（实测数据）,否则没有正常值来作为检测的比较对象,就会影响维修工作的效率。特别是在电梯不通电检修时,如果不用测量电阻法来检测,就会使检修工作陷入困境。

②开路电阻测量法。所谓开路电阻测量法,就是被测的元器件的一端或将整个元器件从线路或电路上拆下（或焊下）来,再进行电阻测量的一种方法。虽然此法比较麻烦,但是测量结果准确、可靠。为减少测量误差,测量时应选择合适的测量挡位。

开路电阻测量法是检测晶体管、电容器、电阻器、变压器线圈、电动机线圈等的损坏情况,以及判别电路的开路和短路的重要手段。将集成电路从电路板上取下检查时,通过测量相应引脚以及各引脚与接地脚之间的正、反向电阻值,也可以大致判断集成电路的好坏。

总之,使用在路或开路电阻测量时,应根据具体线路（电路）或元器件选择适当的连接方式进行测量,才能获得正确的结果;只有认真分析测量结果,才能做出正确的判断。必要时,要两种测量方法配合使用,才能更有效地利用电阻测量法判断故障位置。

（3）运用电位测量的方法查找

电位测量法指的是在通电情况下进行测量各个电子或电气元器件的两端电位,因为在正常工作情况下,电路上各点电位是一定的。电路中电流是从高电位流向低电位,用万用表顺电流方向去测量电子电气元件上的电位是否符合规定值,就可判断故障所在点,然后再判断引起电流值变化的原因,从而找出故障所在。

（4）运用短路法查找

短路法主要用来查找电气逻辑关系电路的断点。控制电路都是开关或继电器、接触器触点组合而成,当某些触点可能有故障时,可以用导线把该触点短接,此时通电若故障消失,则证明判断正确,说明该电气元件已坏。但是要牢记,当发现故障点作完试验后应立即拆除短接线,不允许用短接线代替触点。

（5）运用断路法查找

对于一些控制电路特殊故障,如电梯在没有内选或外呼指示时就停层等,说明电路中某些触点被短接了,查找这类故障的最好办法是断路法。用断路法查找,就是把怀疑产生故障的触点断开,如果故障消失了,说明判断正确。

（6）运用替代的方法查找

在某些情况下，尤其是故障点有可能涉及控制主板或者变频器等部件，此时可把疑有问题的元件或电路板取下，用新的或确认无故障的元件或电路板代替进行测试。如果故障消失则认为判断正确，反之则需要继续查找。

（7）运用故障代码查找

现在主流的控制系统，系统厂家都对故障做了归纳和分类，设置对应的故障代码，维修人员可以通过系统厂家提供的调试仪器查询故障代码，再根据故障代码提示的故障原因和解决措施，排除故障。这样做可以有效提高维修人员排除故障的效率。

（二）门锁故障及排除方法

为保证电梯必须在全部门关闭后才能运行，在每扇厅门及轿门上都装有门电气联锁开关。只有全部门电气联锁开关在全部接通的情况下，控制屏的门锁继电器方能吸合，电梯才能运行。

查询故障代码排除故障

故障状态：在全部门关闭的状态下，在控制屏观察门锁继电器的状态，如果门锁继电器处于释放状态，则应判断为门锁回路断开。

维修方法：由于目前大多数电梯在门锁断开时快车慢车均不能运行，因此门锁故障虽然容易判断，却很难找出是哪道门故障。

维修建议：

①首先应重点怀疑电梯停止层的门锁是否故障。

②询问是否有三角钥匙打开过层门，在厅外用三角钥匙重新开关一下厅门。

③确保在检修状态下，在控制屏分开短接厅门锁和轿门锁，分出是厅门部分还是轿门部分故障。

④如是厅门部分故障，确保检修状态下短接厅门锁回路，以检修速度运行电梯，逐层检查每道厅门联锁接触情况（别忘了被动门）。

注意：在修复门锁回路故障后，一定要先取掉门锁短接线，方能将电梯恢复到快车状态。

另外，目前较多电梯虽然门锁回路正常，门锁继电器也吸合，但通常在门锁继电器上取一副常开触点再送到微机（或 PC 机）进行检测。如果门锁继电器本身接触不良，也会引起门锁回路故障的状态。

四、任务实施

（1）检查电梯故障现象

各组长带领队员检查自己所负责的电梯故障现象。队长要负责工作进度的把握和各队员的分工，各个队员要通过相互配合完成工作。各组组长要把故障现象或出现故障的过程清楚地描述出来。

电梯门锁回路故障排除

（2）分析故障原因

各组长组织队员讨论产生这种现象的原因并陈述本组讨论结果。由教师把各组陈述的结果汇总，各组再选出发生概率最大的故障原因。

（3）验证故障原因

各组结合电气图纸，在控制柜中实际操作来验证故障原因。教师观察各组的操作情况，并纠正出现的错误，并讲解用到的相关知识和正确的操作方法。各组结合讲解的内容，采取正确的步骤再次验证故障原因。

（4）制订排除故障方案

各组根据确定的故障原因制定故障排除方案并提交方案初稿,经教师审核后修改、确定维修方案。

（5）排除故障

各组按照制订好的排除方案采取正确的方法把电梯故障排除。教师观察各组的操作情况,讲解排除门锁故障的正确操作方法。各组结合讲解的内容采取正确的方法把故障排除。

（6）恢复电梯

各组做好电梯的恢复工作,各组长交叉检查其他组的维修质量。教师观察各组的操作情况并强调恢复电梯时的注意事项。

（7）填写维修记录单

各组组长安排组员填写好表4-2-1电梯维修记录单。

表 4-2-1　电梯维修记录单

电梯维修记录单			
故障梯号:		维修人员:	
召修时间:		维修起止时间:	
维修前状况:			
故障原因:			
维修记录:			
复查记录:			
跟进人		检修负责人	
维修日期			

五、任务评价

任务完成后,完成表4-2-2的任务评价表。

表 4-2-2　门锁回路故障排除任务评价表

实训任务：

	序号	评价内容	分值/分	评分标准	得分/分	备注
小组自评	1	安全意识	10	不按要求穿工作服、戴安全帽，扣 2 分；在基站没有设立防护栏和警示牌，扣 2 分；不按要求进行带电或断电作业，扣 2 分；不按安全要求规范使用工具，扣 2 分；其他违反安全操作规范的行为，扣 2 分		
	2	故障排除操作步骤	80	操作不规范，扣 20 分；故障排除操作流程不符合标准，扣 40 分		
	3	职业规范环境保护	10	在操作过程中工具和器材摆放凌乱，扣 2 分；不爱护设备、工具，不节省材料，扣 2 分；在工作完成后不清理现场，在工作中产生的废弃物不按规定处置，各扣 2 分		
	4	总结与反思				

实训任务：

	序号	内容	评价结果	
小组评价	1	在小组讨论中能积极发言	□优□良□中□差	
	2	能积极配合小组成员完成工作任务	□优□良□中□差	
	3	在电梯曳引机维护保养中的表现	□优□良□中□差	
	4	能够清晰表达自己的观点	□优□良□中□差	
	5	电梯试车前检查中的表现	□优□良□中□差	
	6	安全意识与规范意识	□优□良□中□差	
	7	遵守课堂纪律	□优□良□中□差	
	8	积极参与汇报展示	□优□良□中□差	
教师评价	9	综合评价：　　评语：　　教师签名：　　___年___月___日		

六、问题与思考

①电梯故障排除常用哪些方法？各适用于什么场合？

②造成电梯门锁故障的原因有哪些？

③排除电梯门锁故障时应该注意什么问题？

七、拓展知识

一般常见电梯电气故障诊断的技巧,可概括为如下几点:

(1)安全回路

所谓安全回路,就是在电梯各安全部件都装有一个安全开关,把所有的安全开关串联起来,控制一只安全继电器。只有所有安全开关都在接通的情况下,安全继电器吸合,电梯才能得电运行。

认识安全回路

作用:为保证电梯能安全运行,在电梯上装有许多安全部件。只有每个安全部件都在正常的情况下,电梯才能运行,否则电梯立即停止运行。

常见的安全回路开关有:

机房:控制屏急停开关、相序继电器、热继电器、限速器开关。

井道:上极限开关、下极限开关(有的电梯把这两个开关放在安全回路中,有的则用这两个开关直接控制动力电源)。

地坑:断绳保护开关、地坑检修箱急停开关、缓冲器开关。

轿内:操纵箱急停开关。

轿顶:安全窗开关、安全钳开关、轿顶检修箱急停开关。

故障状态:当电梯处于停止状态,所有信号不能登记,快车慢车均无法运行,首先怀疑是安全回路故障。应该到机房控制屏观察安全继电器的状态。如果安全继电器处于释放状态,则应判断为安全回路故障。

安全回路故障排除

故障可能原因:

①输入电源的相序错或有缺相引起相序继电器动作。

②电梯长时间处于超负载运行或堵转,引起热继电器动作。

③限速器超速引起限速器开关动作。

④电梯冲顶或沉底引起极限开关动作。

⑤地坑断绳开关动作。可能是限速器绳跳出或超长。

⑥安全钳动作。应查明原因,可能是限速器超速动作、限速器失油误动作、地坑绳轮失油、地坑绳轮有异物(如老鼠等)卷入、安全楔块间隙太小等。

⑦安全窗被人顶起,引起安全窗开关动作。

⑧有的急停开关可能被人按下。

⑨如果各开关都正常,应检查其触点接触是否良好,接线是否有松动等。

另外,目前较多电梯虽然安全回路正常,安全继电器也吸合,但通常在安全继电器上取一副常开触点再送到微机(或 PC 机)进行检测。如果安全继电器本身接触不良,也会引起安全回路故障的状态。

(2)门锁回路

作用:为保证电梯必须在全部门关闭后才能运行,在每扇厅门及轿门上都装有门电气联锁开关。只有全部门电气联锁开关在全部接通的情况下,控制屏的门锁继电器方能吸合,电梯才能运行。

故障状态:

在全部门关闭的状态下,到控制屏观察门锁继电器的状态,如果门锁继电器处于释放状态,则应判断为门锁回路断开。

维修方法:

由于目前大多数电梯在门锁断开时快车慢车均不能运行,所以门锁故障虽然容易判断,却很难找出是哪道门故障。

维修建议:

①首先应重点怀疑电梯停止层的门锁是否故障。

②询问是否有三角钥匙打开过层门,在厅外用三角钥匙重新开关一下厅门。

③确保在检修状态下,在控制屏分开短接厅门锁和厅门锁,分出是厅门部分还是轿门部分故障。

④如是厅门部分故障,确保检修状态下,短接厅门锁回路,以检修速度运行电梯,逐层检查每道厅门联锁接触情况(别忘了被动门)。

注意:在修复门锁回路故障后,一定要先取掉门锁短接线,方能将电梯恢复到快车状态。

另外,目前较多电梯虽然门锁回路正常,门锁继电器也吸合,但通常在门锁继电器上取一副常开触点再送到微机(或 PC 机)进行检测,如果门锁继电器本身接触不良,也会引起门锁回路故障的状态。

(3)井道上下终端限位

作用:上终端限位一般在电梯运行到最高层且高出平层 5~8 cm 处动作。动作后电梯快车和慢车均不能再向上运行。反之,下终端限位一般在电梯运行到最底层且低于平层 5~8 cm 处动作。动作后电梯快车和慢车均不能再向下运行。

故障现象1:电梯快车和慢车均不能向上运行,但可以向下运行。

原因:可能是上终端限位坏,处于断开状态。

故障现象2:电梯快车和慢车均不能向下运行,但可以向上运行。

原因:可能是下终端限位坏,处于断开状态。

(4)井道上下强迫减速限位

1 m/s 以下速度的电梯,一般装有一只向上强迫减速限位和一只向下强迫减速限位。安装位置应该等于(或稍小于)电梯的减速距离。1.5 m/s 以上速度的电梯,一般装有两只向上强迫减速限位和两只向下强迫减速限位。因为快速电梯一般分为单层运行速度和多层运行速度两种,在不同的速度运行下减速距离也不一样,所以要分多层运行减速限位及单层运行减速限位。

作用1:在电梯运行到端站时强迫电梯进入减速运行。

作用2:目前许多电梯都用强迫减速限位作为电梯楼层位置的强迫校正点。

故障现象1:电梯快车不能向上运行,但慢车可以。

原因:可能是向上强迫减速限位已坏,处于断开状态。

故障现象2:电梯快车不能向下运行,但慢车可以。

原因:可能是向上强迫减速限位已坏,处于断开状态。

故障现象3:电梯处于故障状态,程序起保护。可能用故障代码显示为换速开关故障。

原因:可能是向上或向下强迫减速限位已坏。因为强迫减速限位在电梯安全中显得相当重要,许多电梯程序都被设计成对该限位有检测功能,如果检测到该限位坏,即起程序保护。电梯处于"死机"状态。

附录　电梯功能解释

1. 全集选控制运行功能

根据轿厢内选层指令和厅外的层楼召唤指令,集中进行综合分析处理,自动选向并顺向依次应答指令的高度自动控制功能。它能自动登记轿厢内指令和厅外的层楼召唤指令,自动关门启动运行,同向逐一应答;当无召唤指令时,电梯自动关门待机或自动返回基站关门待机,当某一层楼有召唤信号时,再自动启动应答。

全集选控制功能一般作为电梯的标准控制功能,能实现无司机操纵。为适应这种控制特点,电梯在各层站停靠时间可以自动控制,轿门设有安全触板或其他近门保护装置,轿厢设有超载保护装置等。

2. 超载保护功能

当电梯轿厢的载质量超过额定载质量的110%时,电梯不允许关门起动,在层站平层位置保持开门状态,不能启动运行。

在这种状态下要减轻电梯轿厢的载质量,使其小于额定载质量的110%,就可消除超载保护状态,电梯恢复正常运行状态。

3. 超载报警功能

当电梯轿厢的载质量超过额定载质量的110%时,电梯不允许关门起动,此时轿顶蜂鸣器发出警报信号,以示电梯已超载、不能启动运行。

在这种状态下要减轻电梯轿厢的载质量,使其小于额定载质量的110%,就可自动消除警报信号,电梯恢复正常运行状态。

4. 超速电气保护功能

当电梯的运行速度大于额定速度,且超过设定的限制速度(≥电梯额定速度的115%)时,电梯系统将强制制停电梯,确保乘客的安全。当电梯的运行速度超过了额定速度,并且已超过设定的限制速度时,限速器的电气开关动作切断电梯的安全回路,使电梯立即急停刹车;确保电梯安全运行。

5. 超速机械保护功能

当电梯的运行速度大于额定速度且超过设定的限制速度(≥电梯额定速度的115%)时,电梯系统将强制制停电梯,确保乘客的安全。当电梯的运行速度超过了额定速度,并且已超过设定的限制速度时,限速器的电气开关已动并作切断电梯的安全回路后,电梯仍不停止,继续超速下行,限速器将动作并带动安全钳动作,把电梯轿厢强行钳固在井道中的导轨上,同时再次切断电梯的安全回路。

电梯的超速保护功能,在电梯的电气控制和机械结构的设计上采用了多重的安全保护措施,对电梯乘客的人身安全提供了可靠的保护。

6. 安全触板保护功能

在电梯关门过程中,当有人或物品碰撞到电梯轿门侧的安全触板时,电梯门将立即停止关闭并重新打开梯门,以防止乘客或物品被门夹住,确保安全;当门开尽后,再自动进行关门操作。

本功能用于旁开门电梯时,为单侧安全触板保护;用于中分门电梯时,为双侧安全触板保护。

7. 门过载保护功能

电梯的门系统中设置有门过载保护开关,当在电梯的开、关门过程中因受阻而导致开、关门动作力矩过大时,门过载保护开关动作,电梯门将往与原动作方向相反的方向动作,从而实现对门电机及障碍物的保护。

8. 开关门时间超常保护功能

当电梯门在开关过程中受到阻碍而其阻力又不足以过载保护开关动作时,电梯系统会自动对开关门的时间进行计算,一旦开关门所用时间超出设定时间,电梯门将反向动作以实现对电机及障碍物的保护。

9. 开门异常自动选层功能

当电梯因开门受阻而无法正常打开时,电梯系统会自动对开门时间进行计算,当时间超过设定值时,电梯会自动关门并运行到邻近的服务层尝试再开门,以使当电梯某层发生开门故障时,到该层的乘客能在邻近的层楼离开轿厢;且电梯系统保持正常运行状态,避免由某层的发生开门故障而影响正常的电梯运行。

10. 故障低速自救运行功能

电梯发生故障可能会导致电梯在非平层区域停车,当故障被排除后或该故障并不是重大安全类故障时,电梯可自动以低速(15 m/min)进行自动救援运行,并在最近的服务层停车开门,以防止将乘客困在轿厢中。

电梯低速自救运行期间,轿顶蜂鸣器会发生警报声。电梯除在最低层非门区停车,进行故障低速自救运行会向上运行外,一般都会向下低速运行,到最近的服务层平层位置停车开门。

当电梯低速自救运行回到最近的服务层平层位置停车开门后,轿顶蜂鸣器停止响动,若故障已排除,电梯会自动恢复正常运行;若故障未被排除,则电梯保持开门状态,不允许启动运行,等待电梯维修保养人员到来排除故障。

11. 停车在非门区报警功能

当电梯因电网停电而停在非门区位置时,电梯操作人员往往需要对电梯进行盘车操作以便将电梯乘客救出轿厢。在此情况下,为使在机房中的操作人员能准确地将轿厢盘车到门区位置,在确认电梯安全回路已断开的情况下,操作人员在盘车前可预先接通机房控制柜中的"救援"开关,这时控制柜内的蜂鸣器发出警报声,以示电梯轿厢未到达门区位置。当操作人员将电梯轿厢盘车至开门区域时,蜂鸣器的警报声停止,表示电梯此时的轿厢已到达门区位置,可开门救出被困的电梯乘客。

12. 位置异常自动校正功能

在电梯的运行过程中,电梯系统会自动对轿厢所在的位置进行监测和分析,当由于故障或人为的操作而使电梯轿厢的实际位置与系统分析结果不相符时,电梯会自动以低速(15 m/min)驶返最低层,以重新对轿厢位置作出校正。在确认了轿厢位置与系统分析结果一致后,电梯恢复正常运行状态。

13. 停电应急照明功能

电梯正常使用中发生停电时,轿厢内的停电应急照明灯自动点亮,给轿厢内提供应急照明。紧急照明持续时间应大于 30 min,轿厢地面的照度须大于 1 lx,紧急照明光源在操作面板上方。当照明电源恢复正常时,紧急照明自动切断。紧急照明将由一个带充电器的镉镍电池供电,失电后的镉镍电池应能在 24 h 内充电恢复容量。

14. 无呼自返基站功能

电梯在无召唤指令登记的状态下,自动返回预先设定的基站并关门待机,方便以最快的速度为基站的乘客提供服务。

15. 微动平层功能

提升高度较大的电梯,在电梯运行到达目的层站平层开门后,由于乘客的进出会使轿厢的载质量发生变化,当轿厢的载质量变化较大时,曳引钢丝绳会产生较大的伸缩形变,导致电梯轿厢产生平层位置偏差的现象。此时电梯将在开门状态下以极低的速度自动进行微动运行,使轿厢重新回到平层位置,补偿因曳引钢丝绳的伸缩形变而引起的平层位置偏差,保障乘客出入轿厢的安全。

16. 满载直驶功能

当电梯轿厢的载质量大于额定载质量的 80% 时,电梯自动将运行方式切换为满载直驶运行状态。在满载直驶运行状态下,电梯优先响应当前运行方向上的轿内选层指令,暂不应答厅外召唤指令,以保证最佳的运行效率,同时厅外召唤指令可保持登记;响应了轿内指令后,若电梯轿厢的载质量已小于额定载质量 80%,电梯自动将运行方式恢复为全集选控制状态。

17. 无效内指令自动消除功能

当电梯轿厢的载质量小于额定载质量的 20%,而电梯的内指令数大于系统设定值时,电梯系统判定此时有恶作剧发生,电梯的防恶作剧功能自动投入。在此功能作用的状态下,电梯在响应完最近层楼的内指令后,自动消除所有的内指令,以提高电梯的运行效率和降低电能消耗。

18. 轿厢照明自动控制功能

当电梯在一定周期内(30 min)的运行次数小于特定值(3 次),电梯将工作于闲驶状态。电梯进入闲驶状态一定时间(3 min)内没有召唤指令登记,电梯会自动熄灭轿厢的照明,以便节省电能的消耗。当有召唤指令登记时,电梯立即自动进入正常状态,使轿厢的照明重新投入工作并应答召唤指令。

19. 轿厢风扇自动控制功能

当电梯在一定周期内(30 min)的运行次数小于特定值(3 次),电梯将工作于闲驶状态。电梯进入闲驶状态一定时间(3 min)内没有召唤指令登记,电梯会自动熄灭轿厢的风扇,以便节省电能的消耗。当有召唤指令登记时,电梯立即自动进入正常状态,使轿厢的风扇重新投入工作并应答召唤指令。

20. 故障自动检测功能

电梯系统具有全面合理的系统故障自动检测功能,当电梯有故障发生时,电梯自动检测出故障发生的原因、位置和状态,并对故障作出及时的分项登录和分级处理。

本功能可以确保电梯能安全可靠地运行,为乘客提供周全的保护。

21. 泊梯功能

本功能适用于电梯需经常长时间停止运行服务的场合。泊梯功能使电梯在不需要进行运行服务时自动停泊在指定的泊梯层站。

当电梯需要进行泊梯操作时,操作人员接通电梯的泊梯开关(一般设置在指定的泊梯层站厅外),电梯执行完最后一个轿内指令后,自动返回指定的泊梯层站,此时任何召唤指令都无效,电梯的轿厢位置显示、方向显示、轿厢照明及风扇在电梯于泊梯层站平层开门且门完全开启后自动熄灭,以节省电能的消耗;电梯在规定的开门时间到达后自动关门,门完全关闭后1 min,自动泊梯操作完成,电梯关门停泊在指定的泊梯层中。断开泊梯开关,电梯自动恢复为正常关门待机状态,可正常响应厅外召唤指令进行服务。

泊梯功能的电梯停泊层站,由客户进行选定。

22. 消防迫降功能

本功能适用于需在建筑物发生火灾的情况下,可通过消防信号使电梯自动返回消防避难层,以确保电梯乘客安全的场合。

当建筑物发生火灾时,对于单控的电梯,在接到开关信号后电梯系统马上进入消防迫降状态;对于并联或群控的电梯组,在收到开关信号后电梯系统自动解除并联或群控状态,电梯系统进入消防迫降状态。在消防迫降状态下,电梯的轿内指令及厅外指令均无效,已登记的内外召唤指令全部取消。在市电或自发电的情况下,根据电梯不同的运行情况,采取不同的应对方式,具体如下表所示:

在消防迫降状态下	电梯原来的运行状态	应对方式
无停电或停电时有自发电功能	正在上行的电梯	在最近的服务层站减速平层停车后不开门,立即返回消防避难层
	正在下行的电梯	直接驶返消防避难层
	正在下行的电梯若已经减速	在此层楼平层停车后不开门,然后立即驶返消防避难层
	正在服务层站平层开门的电梯	立即关门,并返回消防避难层
	处于非消防避难层关门待机的电梯	立即返回消防避难层
	处于检修或急停状态的电梯	以蜂鸣器或警铃报警,仍保持原状态
	处于泊梯状态的电梯	立即自动投入使用,泊梯层站与消防避难层一致,电梯立刻开门待机,若不一致,电梯不开门立即驶返消防避难层后开门待机
停电时有停电自动平层功能	正在运行的电梯	返回最近层停止,而不返回消防避难层

注:在并联或群控梯中,当消防迫降状态时停电,如有自发电管制运行功能,则自发电确立后,电梯一台台地返回消防避难层。

当电梯回到消防避难层后,自动平层开门,开门后轿内照明及风扇熄灭,开门按钮亮灯,并保持开门状态,15 s后电梯关门,停止运行。当解除火灾,消防信号取消后,电梯才可恢复正常运行状态。

消防迫降功能可以在建筑物发生火灾时对电梯的运行作出管制,使电梯尽快回到消防避难层开门放人,保障电梯乘客的人身安全。

23. 专用运行功能

本功能适用于电梯只服务于轿内召唤指令的场合。电梯操作人员可以通过接通轿厢操纵箱开关盒中的"专用"开关使电梯进入专用运行状态。在专用运行状态下,电梯不登记厅外召唤指令,只应答轿内召唤指令,此时厅外无轿厢位置指示信号和运行方向指示信号,以方便为需进行专用运行接送的乘客提供最佳的服务。

在专用运行状态时,电梯的每一次运行需要按住关门按钮直到电梯关门启动后才能松手,否则电梯自动开门;电梯启动后,应答同方向最近层内指令后自动平层开门,并保持开门状态。

24. 并联控制运行功能

本功能适用于对两台相邻的、共用厅外召唤指令的电梯进行统一的运行调配控制。并联控制功能是使两台电梯高效率地运行的全自动集选控制方式,可使共用厅外召唤指令的两台电梯互相配合运作,根据电梯的实际运行情况对已登记的厅外召唤指令进行合理的分配,一般一个厅外召唤指令只分配一台电梯应答,从而提高电梯系统的运行效率,减少乘客的候梯时间。并联控制状态下,在无召唤指令时,一台电梯将停在基站关门待机,另一台电梯将停在并联中间层楼或其他层站关门待机;在有厅外召唤指令登记时,电梯系统将分配给最合适的电梯立刻应答。

25. 群管理控制运行功能

适用于对相邻3~8台的电梯进行统一的运行调配控制。群管理控制功能,能将相邻的3~8台电梯组成梯群控制系统,进行统一的运行调配控制,是均衡地管理3~8台电梯,实现高效率运行、缩短乘客候梯时间、节省能源的全自动控制的理想系统。该系统能对电梯的召唤指令分析,通过分析电梯的运行情况及召唤指令情况,或通过预测和演算候梯时间并根据电梯系统的实际运行情况,自动选择最佳的控制方式,对厅外召唤指令作出最合理的分配,对群管理控制系统中的梯群进行集中的调度和控制,一般一个厅外召唤指令分配一台最适宜的电梯及时应答,使梯群达到最佳的运行效率,节省能源,缩短候梯时间,并可以实现诸如上下班运行、优先服务、分散运行、不停层控制等多种控制功能,提高梯群控制系统的运输质量。

26. 停电自动平层功能

本功能适用于电梯的供电电网不稳定,经常出现停电故障的场合,可以在电梯的供电电网发生停电时,通过电梯所配置的停电电源柜(ALP)的供电,使电梯低速运行到最近的服务层楼并平层停车开门,避免因停电而困住乘客的故障发生,方便电梯的使用管理。

当供电电网发生停电时,电梯所配置的停电电源柜(ALP)自动投入,通过回路的切换,将停电电源柜中的蓄电池的电能经过逆变后供给电梯的控制回路和电动机,恢复轿厢内照明与风扇;电梯根据轿厢的负载情况,自动选向(若轿厢载质量 <50%,选择上行方向;若轿厢载质

量≥50%，选择下行方向），并以低速运行到最近层楼平层位置，自动停车开门，然后熄灭电梯轿厢的照明和风扇，并保持开门状态，以便使用停电而被困的乘客走出轿厢。

在停电自动平层运行已经完成后，电网恢复供电时，停电电源柜自动退出动作，并通过回路的切换，电梯恢复正常供电回路供电，电梯恢复正常运行。停电电源柜自动进入待机状态，蓄电池充电，为电网再停电后停电自动平层功能的再次投入作准备。

27. 地震管制运行功能

本功能适用于地震活动较频繁的地区，客户需要在地震发生时对电梯的运行作出管制，以保障电梯乘客安全的场合。选用地震管制运行功能后，电梯机房中设置了一个地震感应器（UAX 系列电梯设于井道底坑内），该感应器可分别设定"特低""低"和"高"三级地震感应水平，分别感应不同级别的地震。

地震感应水平级别	衡量值（震动加速度）
特低	80 ± 15 Gal ~ 120 ± 19Gal　（一般配置）
低	60 ± 13 Gal ~ 100 ± 17 Gal　（特殊选配）
高	30 ± 10 Gal ~ 60 ± 13 Gal　（特殊选配）

当地震感应器的"特低"级设定水平感应到地震发生后，地震感应器发出信号，电梯系统控制正在运行中的电梯在最近的服务层站平层停止并自动开门，而在服务层楼平层位置上停车的电梯则保持开门状态；电梯门开尽后，轿厢中的照明、风扇自动熄灭，轿厢中操纵箱上的"开门"按钮的指示灯闪亮，在预设定的时间（约 15 s）后电梯自动关门，进入运行停止状态；在地震感应器感应出"特低"级水平的地震发生后，没有再感应到同级别或更大的震动，电梯在进入运行停止状态后经过预设定的时间（约 1 min），自动恢复正常运行状态。

当地震感应器的"低"设定水平感应到地震发生后，地震感应器发生信号，电梯系统控制正在运行中的电梯在最近的服务层站平层停止并自动开门，已处于平层位置的电梯保持开门状态，与感应出"特低"水平的地震发生的处理情况基本一致，但电梯系统不能自动恢复正常运行状态，要专门的电梯操作人员将机房中的地震感应器的"复位"按钮手动复位后，电梯系统才能恢复正常运行状态。

当地震感应器的"高"设定水平感应到地震发生时，通常电梯应带有地震低速避难功能，感应信号向管理室发出警报，管理人员将地震低速避难功能开关打为 ON，并通过对讲机让乘客按关门按钮。持续按关门按钮，轿厢低速（45 m/min）运行，放开关门按钮，电梯立即停止。直到最近层平层开门放出乘客，全部乘客离开后将地震低速避难功能开关打为 OFF，厅门、轿门关闭运行休止，等待手动恢复正常运行。

地震管制运行功能可以非常灵敏地感应出地震的发生，在地震发生的初期使电梯自动平层停车开门，保障电梯乘客的安全，避免因地震的发生使电梯系统损坏而危及乘客的人身安全。

28. 消防员专用功能

本功能适用于当建筑物发生火灾时消防员需对电梯进行操作的场合。

一般情况下，在电梯产品中如果选择了"消防员专用功能"，则自动包括了"消防迫降功能"，即"消防员专用功能"包括"消防迫降功能"与"消防员专用"两个阶段。

当建筑物发生火灾,消防员需利用电梯进行救火时,接通设在消防避难层(一般为基站)的消防开关,使电梯进入消防迫降状态。

29. 司机操作功能

本功能适用于在电梯中设有专职电梯司机负责控制电梯运行的场合。电梯司机可以通过接通轿厢操纵箱开关盒中的"司机"开关使电梯进入司机操作状态。在司机操作状态下,电梯的厅外召唤指令可以正常登记,司机可以控制电梯的关门启动、选择运行方向及是否应答厅外召唤指令,为电梯乘客提供最佳的服务。

在司机操作状态时,电梯司机通过对设置在操纵箱开关盒中的 4 个司机操作按钮的操作控制电梯的运行:电梯每一次启动均要司机按住"出发"按钮直到电梯关门启动后才能松手,否则电梯自动开门,电动启动运行后应答召唤指令自动平层开门,并保持开门状态;司机可以通过按动"上行"或"下行"按钮选择电梯的运行方向;电梯可以应答厅外的召唤指令,但在电梯运行中司机可以按下"通过"按钮,使电梯进入以内指令优先服务为原则的司机直驶运行状态,不响应顺向的厅外召唤信号,而应答同方向的最近层内指令,在响应完最近层内指令并平层开门后,司机直驶运行状态自动取消。

参考文献

［1］陈家盛.电梯结构原理及安装维修［M］.北京:机械工业出版社,2012.

［2］贺德明,肖伟平,黄英.电梯结构与原理［M］.广州:中山大学出版社,2016.

［3］朱坚儿,王为民.电梯控制及维护技术［M］.北京:电子工业出版社,2011.

［4］曹祥.电梯安装与维修实用技术［M］.北京:电子工业出版社,2020.

［5］段理才.西门子 S7-1200PLC 编程及使用指南［M］.北京:机械工业出版社,2018.

［6］马宏骞,徐行健.用微课学·电梯及控制技术［M］.2 版.北京:电子工业出版社,2019.

［7］孙文涛.电梯维修项目教程［M］.北京:机械工业出版社,2013.

［8］梁永波,张富建.电梯维护保养［M］.北京:清华大学出版社,2018.

［9］K2 系列自动扶梯安装维护说明书.上海三菱电梯有限公司.

［10］NICE3000new 一体机常见问题及故障处理.苏州默纳克控制技术有限公司.

［11］中华人民共和国国家质量监督检验检疫总局.电梯维护保养规则:TSG T5002-2017［S］.
北京:中国标准出版社,2017.